深部煤岩体多场耦合及水力化消突技术研究

方前程　著

黄河水利出版社

·郑州·

内 容 提 要

煤与瓦斯突出是煤矿井下开采过程中发生的一种复杂的、有煤(岩)和瓦斯参与的动力现象,是威胁煤矿井下安全生产的主要灾害之一。本书在探讨煤层结构特征与瓦斯赋存流动特征的基础上,推导了煤体流固耦合力学方程,并通过理论分析、数值试验和现场工业试验研究了水力割缝(区域)及水力疏松(局部)两种措施在实施过程中的煤岩体力学行为、破坏特性及影响因素,以期为水力化快速消突措施在煤矿生产中的应用提供参考。本书内容主要包括绪论、瓦斯赋存流动规律及煤体流固耦合力学特性、水力割缝致裂煤体机制及数值模拟研究、水力疏松致裂煤体实施过程数值模拟研究、穿层钻孔水力割缝区域快速消突技术试验研究、煤层水力疏松局部快速消突技术试验研究、结论与展望等。

本书可供开展瓦斯灾害治理研究的科研工作者和工程专业技术人员,以及从事矿山安全管理的政府研究人员参考使用。

图书在版编目(CIP)数据

深部煤岩体多场耦合及水力化消突技术研究/方前程
著. —郑州:黄河水利出版社,2020.10
ISBN 978 - 7 - 5509 - 2590 - 8

Ⅰ.①深… Ⅱ.①方… Ⅲ.①煤岩 - 岩石力学 - 研究
②瓦斯突出 - 防突措施 - 研究 Ⅳ.①TD326②TD713

中国版本图书馆 CIP 数据核字(2020)第 028901 号

出 版 社:黄河水利出版社   网址:www.yrcp.com
        地址:河南省郑州市顺河路黄委会综合楼 14 层   邮政编码:450003
发行单位:黄河水利出版社
        发行部电话:0371 - 66026940、66020550、66028024、66022620(传真)
        E-mail:hhslcbs@ 126. com
承印单位:广东虎彩云印刷有限公司
开本:890 mm × 1 240 mm   1/32
印张:6.75
字数:201 千字
版次:2020 年 10 月第 1 版   印次:2020 年 10 月第 1 次印刷
定价:42.00 元

前　言

在我国,高瓦斯、突出矿井比例很大,煤层瓦斯赋存条件非常复杂,导致我国成为世界上瓦斯灾害最严重的国家。瓦斯抽采技术是高瓦斯、突出煤层最常用的消突措施,但常常由于煤岩体本身渗透性不足导致效果不佳。

湖南省煤矿普遍存在瓦斯抽放率低、消突周期长、煤巷掘进速度慢、采掘接替严重失调的问题。针对这类煤与瓦斯突出严重、现有消突技术措施不能有效消除突出的技术难题,开展利用水力破煤措施来增强煤层透气性、消除煤层瓦斯突出危险性的理论与试验研究,探索新的高效区域、局部防突措施,对我国类似条件下的高瓦斯、强突出煤层的安全开采具有重要意义。

本书的主要内容有:在分析煤层结构特征和总结煤层中瓦斯赋存及流动规律的基础上,研究了煤体的流固耦合力学特性。通过理论分析和数值模拟的方法,研究了水力割缝致裂煤岩体的力学行为及裂隙的扩展规律。通过理论分析和数值模拟的方法,研究了水力疏松措施的瓦斯增透机制及不同参数对实施效果的影响。通过实验室试验和现场工业试验,开展了穿层钻孔水力割缝卸压增透技术的研究,对水力割缝致裂煤岩体技术的效果进行了验证。通过现场工业试验,开展了水力疏松消突技术的研究,对水力疏松技术的消突效果进行了验证。

本书主要获以下项目支持:

(1)湖南省科技厅科技攻关计划项目,2010SK2012,高瓦斯突出煤层煤与瓦斯共采关键技术的试验研究。

(2)河南省科技厅科技攻关计划项目,172102310742,深部煤岩体瓦斯流动通道的形成演化及人工导向技术的研究。

(3)黄淮学院新进博士科研启动资助项目,12011341。

本书在编写过程中,参考了许多专家、学者的相关书籍和资料,尤其得到了我的硕士导师王兆丰教授、博士导师周科平教授的大力支持和帮助,在此一并表示诚挚的谢意!

　　本书可供开展瓦斯灾害治理研究的科研工作者和工程专业技术人员,以及从事矿山安全管理的政府研究人员参考使用。

　　限于作者水平,书中难免有疏漏和不妥之处,望广大读者、同行及专家批评指正。

作　者

2019 年 12 月

目　录

第 1 章 绪 论

1.1 研究意义

在我国一次能源的生产和消费结构中,煤炭长期以来都占据着主导地位,多年来都保持着 70% 的比率[1],对我国国民经济的发展具有举足轻重的作用。随着我国经济的发展和工业化进程的不断加快,原煤产量也不断随之增加。2005 年原煤产量为 21.9 亿 t,到 2013 年时已达 36.8 亿 t,超过世界产量的一半[2]。可见,从某种程度上讲,煤矿的生产情况和价格走势就是我国经济发展状况的直观体现。

我国煤炭资源赋存条件非常复杂,造成了煤层瓦斯赋存的复杂性,使我国成为世界上煤矿瓦斯灾害最为严重的国家之一[3-8]。我国相当一部分矿井是瓦斯矿井,而且还有一部分是高瓦斯矿井以及煤与瓦斯突出矿井。我国煤层中蕴藏的 CH_4 气体总量约为 31.46 万亿 m^3。根据最新的勘探资料显示:截至目前,我国煤层中蕴藏的 CH_4 气体含气量大于 8 m^3/t 的煤层气资源量约为 12.44 万亿 m^3;大于 4 m^3/t,而埋藏深度在地表 2 000 m 以内的煤层气资源量约为 14.34 万亿 m^3。据不完全统计,我国存在煤与瓦斯突出安全隐患的矿井约占全国煤矿矿井总数的 1/4 ~ 1/3。同时更让人震惊的是,我国煤与瓦斯突出事故的总次数占世界同类事故的 1/3 以上。据国家煤矿安全监察局的统计资料,仅在 2012 年,我国各类型煤矿发生煤与瓦斯突出事故 72 起、死亡人数达 350 人,居各类煤矿事故首位,是煤矿安全生产的最大威胁。因此,瓦斯是我国煤矿最主要的不安全因素,严重制约了煤炭工业的发展。

在与煤矿瓦斯灾害的长期斗争中,瓦斯抽采作为矿井瓦斯治理的主要手段得到了广泛的应用,在防止煤矿瓦斯事故、保障安全生产和提高瓦斯资源利用等方面起到了重要的作用。目前,我国采用的矿井瓦斯抽采技术主要是井下瓦斯抽采,煤层瓦斯预抽一般采用钻孔预抽方法,其抽采效果的好坏主要取决于煤层的渗透性。然而研究表明,我国的绝大部分煤层都属于低渗透煤层[9],一般情况下,该类煤层的内部孔隙和裂隙都很少,透气系数低,现有的底板钻孔及顺层预抽钻孔等方法的瓦斯预抽效果均不理想,难以实现抽采达标。

湖南省是我国煤与瓦斯突出灾害最严重的省份之一,据不完全统计,截至 2013 年底,湖南省共有煤矿 900 余对,而煤与瓦斯突出矿井就有 300 余对,其中低透气单一煤层矿井占全省突出矿井的 56.4%。由于单一煤层无保护层开采,只有通过瓦斯抽采进行煤与瓦斯突出防治,但湖南省大部分煤层透气性差,一般情况下瓦斯抽不出来,这也是湖南省煤矿事故频发的原因之一。

湖南省煤矿普遍存在瓦斯抽放率低、消突措施消突周期长、煤巷掘进速度慢、采掘接替严重失调的问题。因该省大部分突出矿区不具备实施保护层开采这一有效区域防突措施的条件,加之煤层松软、透气性系数低,瓦斯预抽效果很不理想,煤巷掘进工作面瓦斯突出防治主要寄托在局部防突措施(主要为超前排放钻孔)上。由于超前排放钻孔消突措施需要在工作面施工 20~30 个直径 75~120 mm、深 15~30 m 的钻孔,工程量很大,通常需要 1~2 d 或者更长的时间才能完成,再经过半天到一天的瓦斯排放后才能进行消突效果检验。在效果检验时还经常出现指标超标现象,需要采取补充防突措施,如此一来,整个消突周期长达 2~3 d,煤巷掘进工作面根本不能实现正规作业循环,掘进速度非常低。据统计,湖南省白沙、涟邵等严重突出危险矿区的煤巷平均月掘进速度不足 20 m。巷道掘不出来,回采"等米下锅",采掘接替失调,严重影响矿井经济效益的发挥。

截至 2013 年底,湖南省建立了地面瓦斯抽放系统约 300 套,为煤矿治理灾害、实行先抽后采打下了基础。部分煤矿通过瓦斯抽放取得了较好的防突效果。但瓦斯抽采过程中存在诸多问题,而最让煤矿企业头痛的就是抽不出瓦斯,因该省煤层透气性普遍差,属较难抽放煤层,加上矿井抽放方法单一,抽采浓度普遍在 4% 左右,根本起不到防治瓦斯的目的,这就长期制约着湖南省煤炭工业的健康发展。

因此,针对这类煤与瓦斯突出严重、现有消突技术措施不能有效消除突出的技术难题,本书依托湖南省科技厅重点项目"高瓦斯突出煤层煤与瓦斯共采关键技术的试验研究",开展利用水力破煤措施来增强煤层透气性、消除煤层瓦斯突出危险性的理论与试验研究,探索新的高效区域、局部防突措施,对湖南省乃至我国类似条件下的高瓦斯强突出煤层的安全开采具有重要意义。

1.2　研究现状

1.2.1　煤层瓦斯流动理论研究现状

同水流动规律的研究一样,煤层内瓦斯流动规律的描述最早来自于达西定律的应用。但是,由于要考虑渗流过程中瓦斯的吸附性质,国内外众多学者不断对达西定律进行修正,提出了非线性渗流的幂定律、克林贝尔效应以及二项式渗流定律等[10-13],对此问题开展了进一步的研究。

但是,对瓦斯流动规律的研究不能脱离煤层进行,因此对煤与瓦斯耦合作用的分析是研究煤层瓦斯流动理论与增透技术的基础。Terzaghik 最早提出了有效应力原理,至此开启了渗流力学与固体力学关系的研究。此后,Biot 在有效应力原理的基础上将水容量和孔隙流体压力的变化量代入本构方程中形成 Biot 的耦合理论方程,适用于研究孔隙变化量、多孔介质和渗透率的关系。

我国对瓦斯流动规律的研究要晚于西方,20 世纪 60 年代,周世宁院士[14-15]开始研究达西定律并提出线性瓦斯流动理论。此后,郭勇义等[16]应用朗格缪尔方程描述了瓦斯的等温吸附量并以此提出修正了的瓦斯流动方程。鲜学福院士等[17-18]以真实气体代替理想气体研究了煤层瓦斯流动理论并最早提出了相应的渗流控制方程,在此过程中,他假设煤体中瓦斯吸附与解吸是一个完全可逆的过程。孙培德等[19-21]修正并完善了均质煤层中瓦斯流动的数学模型,并发展了非均质煤层中瓦斯流动的数学模型。基于煤体中吸附态瓦斯会向游离态瓦斯转化的机制,杨其銮与王佑安[22]认为煤层内瓦斯运移过程基本符合线性扩散定律——Fick 定律,吴世跃[23]、聂百胜[24]等对此也有类似的看法。

随着国内外许多学者对煤层瓦斯运移规律的深入研究,大多数学者倾向于煤层内瓦斯运动是渗流与扩散的混合流动,并因此提出了瓦斯渗流扩散理论[25-27],如国外的 A. Saghfi 和 R. J. William 等,国内的孙培德、吴世跃、郭勇义等。

均质多孔介质中的气体渗流问题也是国内外研究者们关注的热点,目前来说,对这一问题的研究还是以线性渗流定律作为基础的。在理论分析中,由于要考虑地应力场和温度场的耦合作用,因此孔隙压力、围岩应力以及温度应力等因素不断被引入到瓦斯渗流问题的研究中,也取得了一系列有价值的成果。

在国外,W. H. Somerton[28]研究了裂纹煤体在三轴应力作用下氮气及甲烷气体的渗透性,得出煤样渗透性与作用应力、应力势有关,且其渗透率随地应力的增加按指数关系减小。A. L. Ettinger 全面研究了瓦斯煤体系统的膨胀应力与瓦斯突出的关系。S. Harpalani[29]等专家学者,在实验条件下,研究了在地球物理场中含气煤样的力学性质以及煤岩体与瓦斯渗流之间的固气力学效应。A. A. Borisenko 从煤体孔隙面积与固体骨架的实体面积的原理角度,研究了孔隙气压作用下煤体的有效应力。S. Harpalani 还深入研究了受载条件下含瓦斯煤样的渗透特征,Enever 等通过研究澳大利亚含瓦斯煤层的渗透性与有效应力之间的相互影响,得出煤层渗透率变化与地应力变化为指数关系。

赵阳升等[30-32]提出了煤层瓦斯流动的固结数学模型,并进一步完善了均质岩体的固气耦合数学模型及其数值解法,此后,又建立了含裂缝煤层的块裂介质岩体变形与气体渗流的固气耦合的非线性数学模型。章梦涛和梁冰等[33-38]以塑性力学的内变量理论为基础建立了瓦斯突出的固气耦合数学模型及其数值解法。刘建军等[39-40]在考虑非等温情况下建立了煤层中瓦斯流动的热 – 流 – 固耦合数学模型及数值解法,把流固耦合渗流模型引入到瓦斯运移产出和煤体变形的模拟中,带动了流固耦合数值模拟的趋势。孙可明等[41-44]考虑煤层气开采中气、水两相流阶段的渗流场与煤岩体变形场以及物性参数间的耦合作用,建立了多相流体流固耦合渗流模型。唐春安和杨天鸿等[45]建立了非均匀岩石渗流 – 应力 – 损伤耦合数学模型,并利用自主研发的 RFPA 软件对煤层瓦斯的渗流过程进行了数值模拟分析。

1.2.2 瓦斯抽采及煤层增透技术研究现状

煤与瓦斯突出是煤矿安全生产的最大威胁,瓦斯抽采是目前应用最广泛同时也是最有效的煤与瓦斯突出的防治方法。目前,对煤与瓦斯突出机制的研究上,学者们的意见已经趋于一致,认为煤与瓦斯的突出现象可视为由地应力、瓦斯和煤体物理力学性质等因素综合作用导致的结果,且不同的突出现象也反映出各种不同因素相互关联和制约的复杂机制[46-48]。

故而,目前对煤与瓦斯突出机制方面的研究热点就是分析导致突出现象中各个因素间的主导因素及其相互关系。为此,研究者们提出了一系列假说对煤与瓦斯现象予以更进一步的描述,影响较大的主要有瓦斯为主导作用的假说、地压为主导作用的假说、化学本质说和综合假说[49-50]。

尽管这些假说在分析煤与瓦斯突出现象中起主导作用因素的选择上尚存在很大的争议,但是不论哪种假说都认为在煤与瓦斯突出灾害的防治上,瓦斯抽采可以起到关键作用。

瓦斯抽采防治煤与瓦斯突出的机制包括以下 4 个方面[51-54]:

(1)通过瓦斯的抽采,煤层中瓦斯含量降低,进而使得煤层中的瓦斯压力降低或避免在开采过程中瓦斯的累积,使得原本存在突出危险的煤层中的瓦斯突出潜能得到释放。

(2)瓦斯全部或部分抽出后,原本煤层中固态与气态的动态力学平衡被打破,存在于煤层中的气态应力消失或大幅降低,在原岩应力和开采卸荷应力的双重作用下,煤体必然产生收缩变形,使得煤体所受应力降低且微裂隙增加,进而增大煤体的透气性。

(3)如(2)所述,瓦斯抽出后导致煤体应力的降低,其进一步的效应是导致煤体中的弹性能得到释放,从而降低煤与瓦斯突出现象中煤体自身作用的影响。

(4)煤体内瓦斯的排放还会增大煤体的机械强度和煤体的稳定性,使煤与瓦斯突出阻力增大,可进一步减弱或消除突出危险性。

上述的分析表明,瓦斯抽采是一种非常有效的区域性和局部性防突措施。

瓦斯抽采的技术最早是在日本北海道的一个煤矿应用的,德国的应用比日本稍晚,但都取得了很好的效果。随后,瓦斯抽采技术得到快速发展,并在全世界主要产煤国家得到了广泛推广使用。

瓦斯抽采技术在我国的应用始于 1952 年,略晚于日本和德国,但发展极为迅速。目前,瓦斯抽采已经成为我国高瓦斯和煤与瓦斯突出矿井安全生产过程中必不可少的工艺[55]。

总体而言,我国瓦斯抽采技术和理念的发展经历了"局部防突措施为主""先抽后采""抽采达标"和"区域防突措施先行"等 4 个阶段,并按瓦斯抽出与采矿生产的先后顺序形成了采前抽采、采中抽采、采后抽采的瓦斯抽采方法体系和基本指标体系[56],为我国煤矿的安全生产起到了巨大的保障作用。

可见,虽然我国瓦斯抽采技术的应用起步较晚,但近年来发展极为迅速,并形成了有自己特色的抽采体系。但是,由于我国煤层赋存条件复杂,尤其是大量煤矿中的煤层属于高瓦斯低透气性煤层,具有明显的低压(压力系数小于 0.8)、低渗透率(渗透系数小于 1 mD)、低含气饱和度(小于 70%)的"三低"[57]特性,导致瓦斯抽采技术在实际应用中仍面临着很多问题,造成了煤层瓦斯抽放困难。在这种情况下,采用一定的手段增大煤层的透气性就成了改进瓦斯抽采技术的首要出发点。

如前所述,在我国的煤矿井中,高瓦斯低渗透煤层占据了相当大的比例。这些矿井中,瓦斯抽放量小且抽放率很低,煤与瓦斯突出灾害对矿井的安全生产带来极大的威胁,所以迫切需要寻找有效地提高低渗透煤层瓦斯预抽效果的方法。

目前,常用的提高低渗透煤层渗透性的工程措施主要有密集钻孔法[58-59]、水力冲孔法[60-61]、水压致裂法[62]、水压爆破致裂法[63]、开采解放层抽采瓦斯方法[64]、高压水射流割缝强化抽采瓦斯方法[65]等。在这些提高低渗透煤层渗透性的方法中,每种方法都有自身的优缺点,应用的范围和效果也各有不同。

密集钻孔法虽然可在较短时间内提高瓦斯抽采效果,但每个钻孔的瓦斯抽采效率较低,有研究称钻孔总瓦斯流量仅与钻孔半径的1/5次方成正比[66]。

水力冲孔法可视为密集钻孔法的一个补充,但是从工程实际情况来看,这种方法对于提高煤层渗透性的效果非常一般。因此,目前已很少有矿井还采用此方法抽采瓦斯。

水压致裂法源于石油开采,应用于煤层瓦斯抽放的时间不长,其主要原理就是通过水压力在煤层中产生一定的裂隙,从而提高煤层的透气性。在水力压裂的研究中,研究热点主要集中于水压致裂的成缝机制、条件,以及水压致裂煤层的裂隙产生及演化特征,并取得了不少有益的成果。

开采解放层抽采瓦斯方法其实就是卸压层瓦斯抽采,这种方法利用了卸压原理,一般通过在邻近煤层进行开采,卸压释放存在于煤与瓦斯突出灾害区域的煤层应力,在降低应力影响的同时让局部煤岩体产生膨胀变形,从而导致煤层中裂隙增多、增大而提高透气性[67]。

高压水射流割缝强化抽采瓦斯方法是人为地在低渗透煤层(内部孔隙和裂隙都很小)中利用水力掏槽形成空隙,扩展沟通煤层内部孔隙裂隙,形成瓦斯流通网络,从而增大煤体渗透系数的措施。经过大量试验研究发现,通过水射流割缝后形成的缝槽比钻孔卸压效果明显,它不但开采出一部分薄煤层,同时造成了缝槽上下两侧煤层内部在一定范围内发生位移和膨胀,使得煤体在张开原有裂隙的同时,也产生新的裂隙,起到卸压的作用,给瓦斯流动运移创造良好的条件。另外,缝槽周围煤体在自我卸压的同时,在周围地压作用下也会发生移动,从而扩大了卸压增透范围。因此,水射流割缝技术不受地质条件限制,缝槽方向人为可控,防突同时防尘降温,既增大了渗透性,提高瓦斯抽采率,又缓解了煤层中围岩应力紧张,释放能量。

从20世纪70年代开始,我国就开始了煤岩体的水力割缝技术,但由于技术设备落后、现场实施工艺复杂等原因,未能在矿山中大面积推广使用。2000 年以后,国内各高校科研单位的研究人员在高压水射流割缝方面进行了大量研究。邹忠有等[68]通过水力冲割煤层卸压抽采瓦斯技术的试验研究,发现水力冲割煤层后的瓦斯抽采量比普通钻孔提高了79%以上。赵岚等[69]通过低渗透煤层水力割缝试验,初步研究了固气耦合作用下水力割缝增透机制。段康廉等[70]通过对水力割缝特大煤样来提高瓦斯渗透率的试验研究,表明水力割缝能有效提高瓦斯的排放量和增大初期排放速度。林柏泉等[71]研究了高压磨料射流钻割一体化设备在煤层防突上的应用,并在平煤集团十二矿进行了应用研究。王婕等[72]运用岩石破裂分析系统(RFPA – Flow2D)模拟了低透气性煤层水力割缝排放瓦斯的过程,验证了水力割缝是低渗透煤层降低煤与瓦斯突出危险的有效方式。唐巨鹏[73]对水力割缝低渗透煤层开采煤层气进行了数值模拟的计算研究,得出了煤层气赋存运移特征及地应力对煤层气运移的作用机制,分析研究了地应力场变化规律及其影响范围。唐建新等[74]设计了钻孔中切割煤体的高压水射流装置,并进行了现场试验,提高了抽采率。李晓红等[75]提出了利用高压脉冲水射流钻孔切缝来提高松软煤层透气性和瓦斯抽采率的新思想。李成全、李忠华、潘一山等[76-77]通过对高压水射流的试验研究,表明高压水射流卸压"防冲"是一种新的可行方法。吴海进[78]在煤层钻割一体化卸压增渗试验系统的基础上,以熔化石蜡板代替高压磨料射流割缝进行了煤层应力场与透气性的试验研究,并对其卸压增透进行数值模拟,分析了芦岭煤矿现场应用效果。

1.2.3　水力破岩研究现状

　　水力破岩现象很早以前就被人类认识,但在实际工业生产中被应用的时间还不长。20 世纪 50 年代以后,水力致裂破岩技术在石油工程中得到了广泛应用,极大地提高了贫油井的产量,对石油工业的发展起到了极大的推动作用。在采矿工程中,由于煤矿岩体强度较低,通过水力破岩技术实现水力落矿和瓦斯抽采,在煤矿中得到了广泛应用,但在金属矿等硬岩矿山还不太实用。

　　包括水压致裂在内的水力破岩技术的应用主要集中在两个方面:

一是地面钻井压裂,主要应用于油井与天然气(页岩气)开采;二是煤矿井下的水压致裂。

目前,在水力破岩机制方面,由于涉及水－力耦合及动－静耦合的作用,要想全面了解岩石在水力作用下的破坏过程是不可能的。一些定性的假说发展较快,其中拉伸－水楔破岩和密实核－劈拉破岩学说是得到最多认可的两个理论。总结起来,水力作用下岩石的破坏机制可做如下的描述[79-81]:

(1)水力作用下,岩石内部的应力分布可以等效为集中载荷下的应力分布;

(2)水力作用会在岩石介质中引起应力波和持续的水射流冲击应力场;

(3)水对孔隙和裂隙的刺入引起与拉应力的应力场相伴的内应力;

(4)岩石的初始破坏主要是因为动水压力产生的拉应力和剪应力超过了岩石的抗拉和抗剪强度,从而在岩石中形成裂隙;

(5)水射流进入裂隙后会产生水楔作用,从而导致裂隙进一步发展和扩大,致使岩石破碎。

此外,以数值模拟为手段对水力破岩的机制和过程进行研究是目前的研究热点之一,研究者们取得了很多有意义的成果。刘佳亮等[82]运用 ALE 算法开展了高压水射流冲击高围压岩石过程的数值模拟,研究了在冲击过程中岩石的损伤演化过程,并分析了围岩对岩石损伤的影响。孙清德等[83]通过动力有限元方法开展了高压水射流冲击破岩的过程模拟,并在给定破坏准则的基础上分析了流速、喷射孔直径及流束数量对破坏效率的影响。卢义玉、林晓东等[84-85]通过 SPH － FEM 耦合算法,将水射流等效为粒子流研究了水射流的破岩过程,分析了岩石在水射流作用下的破坏特征及水射流中磨料的影响。

1.2.4　水力化消突机制与技术研究现状

为了更好地利用卸压增透实现瓦斯高效抽采的原理,可以采用人为强化卸压增透措施。井下水力压裂就是强化瓦斯抽采的主要代表,由于其在处理煤层和瓦斯时还具有防治煤与瓦斯突出的综合效应,更是受到现场工作者的重视[86-93]。

近年来,由于低渗透高瓦斯突出煤层的煤与瓦斯突出灾害治理的迫切需要,一种煤矿井下定向压裂增透的煤与瓦斯消突的区域瓦斯治理理念被提出,相关的成套技术和装备也被研制[94-97]。一些工业性试验研究显示,采用这种理念治理后的煤层,瓦斯抽采率通常可以比之前的方法提高50%或更高,极大地减弱了煤与瓦斯突出的危险性[98-100]。王国鸿等[101]、吕有厂[102]开展的现场试验结果表明,这种方法对提高煤层透气性具有非常好的效果,且瓦斯抽放量提升效果显著、流量衰减系数较低。2011年郑州煤业集团组织专家对"告成矿三软煤层井下水力压裂技术研究"项目进行验收评估,专家组认为"水力压裂法"为告成矿及豫西带状强变形三软煤层瓦斯综合治理开辟了新的途径[103]。

李培培[104]融合钻孔注水技术及高压电脉冲致裂技术,提出了钻孔注水高压电脉冲致裂瓦斯抽放方法,其利用 ANSYA 和 LS – DYNA 分别对静水压作用下岩石裂缝的变形与扩展及裂缝注水动态脉冲载荷下裂缝的分叉与扩展进行数值模拟,验证了钻孔注水动态脉冲载荷对岩石良好的致裂效果,用于瓦斯高效抽采潜力巨大。周军民[105]、艾灿标等[106]、路洁心等[107]、王念红等[108]、孙炳兴等[109]、荣景利等[110]开展的煤矿井下水力压裂技术试验及应用表明,水力压裂可以沟通裂隙、显著提高瓦斯抽采效率,能有效延长瓦斯抽采时间,对突出煤层起到了很好的消突效果,可使水力压裂更具有可控性和优越性。水力挤出的技术原理是通过组合钻孔,将水作为动力,使煤体发生位移,达到释放应力、防治突出的目的。王兆丰等[111]、刘明举等[112]对水力挤出进行现场试验认为:通过水力挤出工作面前方煤体应力重新分布,应力集中带向前,卸压区长度和瓦斯突出阻力增加,面对煤体的灵活性降低、塑性增加、弹性潜在下降;在工作面气体排放增加,减少了煤气内能。赵岚等[113]在实验室开展了研究,通过液压切割试验研究,表明液压槽可以释放一些煤层的有效体积应力,致应力重分布、煤层裂缝,裂缝数量、长度和开放程度增加了煤层内裂纹以及裂纹和孔隙连通性,从而提高低渗透煤层的渗透率。冯增朝等[46]对潞安矿业集团3#煤层煤样的钻井和水力割缝排水大型 3D 固液耦合试验研究,揭示了水力割缝提高低透气性煤层瓦斯抽放率的机制和气体排放槽。于警伟等[114]通过煤层注水防治煤与瓦斯突出的研究表明,注水的应用可以很好地湿煤,改变机械性能、减少工作面应力集中程度,有利于减少爆炸的危险。

1.3　研究内容

以强突出高瓦斯煤层为研究对象,借助理论分析、数值模拟与试验研究,对这类煤层的水力破煤措施快速消突机制进行研究,并通过现场的工程化应用对此进行考察分析,主要的研究内容包括以下 5 个方面:

(1)瓦斯在煤层中赋存流动规律及煤体流固耦合力学特性研究。

通过分析煤层内部结构特征,对煤层孔隙和裂隙结构对瓦斯赋存和流动的影响进行研究,并通过核磁共振探测系统对煤岩体的内部结构进行了无损探测,研究煤岩体的孔隙和裂隙特征;根据煤层的内部结构特征,总结分析了煤层中瓦斯的赋存规律及其在煤层中的流动机制;在上述研究的基础上,引入流固耦合力学基本理论,对煤体的流固耦合力学特性进行分析,并进一步建立相应的力学方程。

(2)水力破煤增透机制研究及水压致裂煤体力学特性研究。

基于煤与瓦斯相互作用的流固耦合力学方程,引入损伤力学基本理论,分析水力增透煤层的机制;并根据煤岩体的特点及高压水的力学作用,建立煤岩体的水压致裂非均匀损伤模型,并探讨煤岩体的非均匀损伤破坏准则;通过细观有限元软件 RFPA - Flow2D 建立水压致裂煤体的细观损伤数值计算模型,对水压致裂煤体模拟开展分析,进一步研究高压水力作用下煤体的破坏过程和力学行为特性。

(3)水力疏松煤体实施过程的数值模拟研究。

根据水井头煤矿 3228 工作面应用水力疏松技术实施的工程实际,利用有限元数值模拟软件 ANSYS 建立了双孔注水的水力疏松数值模型,对水力疏松煤体的过程进行仿真,并进一步探讨孔径与注水压力两个参数对水力疏松效果的影响。

(4)穿层钻孔水力割缝区域快速消突技术试验研究。

以"稀钻孔、卸地压、强增透、快速抽"的防突理念为指导,创建新的行之有效的区域防突技术体系,并通过实验室试验和现场试验,开展穿层钻孔水力割缝卸压增透技术的研究。力求通过这些试验,进一步提高水力割缝措施对煤岩体卸压增透的效果,并更清楚地了解在水力割缝过程中瓦斯流动的变化特征,为今后更好地实施该技术提供更好的理论支撑。

(5)煤层水力疏松局部快速消突技术试验研究。

根据爱和山煤矿瓦斯突出的实际情况,提出了利用水力疏松措施进行突出防治的方法,并开展了现场试验。对水力疏松的防突效果及其实施过程中煤岩体中瓦斯流动情况进行研究,并通过这些研究,对水力疏松措施的防突效果进行有效评估,对其优缺点进行总结,力求为今后该技术更好的实施提供理论和实践基础。

1.4　研究方法与技术路线

基于岩体力学、损伤力学、流固耦合理论及瓦斯流动的基本理论,利用核磁共振技术对煤岩体的细观结构进行了无伤探测,研究了煤层中瓦斯的流动特征;并建立了基于流固耦合和非均匀损伤力学的模型,对水力破煤的防突机制进行了分析;通过连续介质有限元及细观有限元方法开展数值试验,模拟煤岩体在高压动水作用下的破坏过程及力学行为特性,并结合试验(实验室和现场试验)对穿层钻孔水力割缝卸压技术的煤层增透效果进行分析;同时通过现场工业试验对低渗煤层的水力疏松局部快速消突技术进行探察和总结,实现对水力破煤快速消突措施机制和技术的综合研究。研究技术路线如图 1-1 所示。

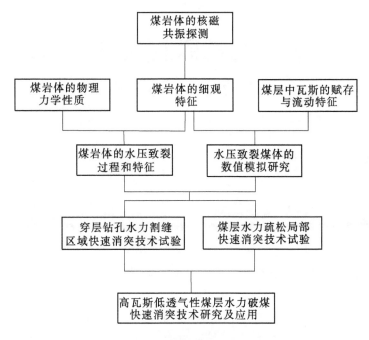

图 1-1 研究技术路线

第 2 章　瓦斯赋存流动规律及煤体流固耦合力学特性

2.1　引　言

与世界其他主要产煤国家相比,我国的煤层自身具有非常显著的特点,主要表现为低压(压力系数 <0.8)、低含气饱和度(<70%)、低渗透率(<1×10⁻³ μm²)的"三低"特性。我国煤层的这种特点导致在煤与瓦斯突出灾害治理时瓦斯抽采技术应用效果较差,对我国煤与瓦斯突出灾害的治理具有非常不利的影响[115]。

我国煤体表现出来的这种特点,与煤岩体本身的结构密切相关。正是由于构造破坏作用强烈、构造煤发育,煤层碎裂化,破坏了原始结构,降低了孔隙裂隙系统连通性,才导致煤层渗透率降低。我国的煤储层非均质性强、夹矸不规律、断层褶皱等地质构造多、应力分布不均匀,少量的高阶煤和低阶煤储层不具备产气优势。由于我国煤层气开采无规律可循,现有理论无法借鉴在多数煤矿,其他国家的开采经验也因地质条件不同而无法应用,随着开采深度增加,这种特征越发明显。

因此,分析当前深部煤层结构特征,对于低渗透煤层瓦斯抽采具有很好的指导作用。而煤与瓦斯之间的赋存运移关系影响着煤层瓦斯抽采和低渗透煤层的增透效果,但由于其复杂程度,瓦斯赋存运移机制发展不成熟,规律研究缺少理论支撑,因此有必要对瓦斯赋存运移全程进行分析研究。

2.2　煤层内部结构特征

　　煤体是一种可燃性且具有明显分层特征的脆性多孔介质,它具有岩体的抗压、抗拉等共同特性,也具有其特殊的双重介质特性[116]。就低渗透煤层而言,煤体硬度小,往往其孔隙裂隙结构很复杂。煤体吸附瓦斯是煤的一种自然属性,吸附瓦斯量与煤体表面积有关,即与孔隙结构特征有关,但由于开采条件限制及技术设备无法实现,前人对于低渗透孔隙裂隙结构的研究始终未能取得突破性成果,致使瓦斯吸附、解吸理论不完善,瓦斯抽采困难且效果差[117]。

2.2.1　煤体孔隙结构

　　煤体本身就是一种具有复杂的孔隙裂隙结构的双重多孔介质,加上变质作用和地下岩体自重与构造应力的共同影响,导致煤体中的这些裂隙存在大小不一和分布复杂的特征。且这些裂隙的孔径大小变化很大,又进一步增加了其复杂程度,这也是构成了煤体吸附、扩散、渗透系统异常复杂的原因。值得注意的是,虽然煤体中包含许多种类的裂隙,但其中决定瓦斯储存空间的主要是微孔,并且这些微孔孔径很小、数量多、渗透性很低,其表面积相对煤基活性炭为 $500 \sim 1\,000$ m^2/g[118],对于煤体吸附能力起到直接作用,是表征煤的微孔结构的一个重要指标。因此,是否具有丰富的微孔结构决定了煤体吸附瓦斯能力大小。同时,这些微孔本身也具有比较复杂的结果,其内部还存在孔的通道、敞开孔、封闭孔、盲孔等,其中瓦斯渗流的主要通道是孔的通道。

　　就深部低渗透煤层而言,因为这些煤体挥发分比浅部煤体减小,且变质程度加深,其煤质逐渐致密,一些原本为中孔的孔隙孔径变小、容积和数量变小,其表面积也变小而转变为微孔。随着煤变质程度进一步增强、高温高压使得煤体内部因干馏作用生成许多微孔隙,吸附能力增强、瓦斯含量增大。煤体破坏程度主要影响中孔和大孔,对于微孔影响不大。深部煤层在高地应力作用下压缩,孔隙率减小,导致渗透容积减小。

2.2.2　煤体裂隙结构

在煤化过程和后期构造改造过程中煤体由于受构造应力作用而破裂,最终形成裂隙网络,构成了煤层气体的渗流通道。而裂隙作为煤体最重要的流体运移产出通道,一直是研究人员非常关注的对象。目前裂隙系统的组成主要有 3 部分,分别是内生裂隙系统、气胀裂隙系统和外生裂隙系统[119-121]。

内生裂隙即是在煤岩体成煤过程中因煤化作用而成的割理,通常会发育成两组相交的内生裂隙,并把煤体分割成不同基质块。因两组裂隙的发育程度不同,整个煤层中连续分布的割理称面割理,面割理之间的次裂隙组称端割理。一般情况下低渗透煤层由于煤化程度高而内生裂隙少,透气性差。

气胀裂隙在各方面比较类似于内生裂隙,但是它又不完全等同。它是由于封闭条件下因瓦斯剧烈作用而发生张性破坏所产生的裂隙,其裂隙张开度主要取决于瓦斯压力。气胀裂隙是瓦斯发育破坏的产物。

外生裂隙则是由构造应力引起的,其间距较宽,裂隙会被一些碎屑充填。分析研究发现构造应力作用下煤层渗透性好坏还与围岩透气性有关,有的地区处于开放型地区,构造复杂,外生裂隙发育好,则瓦斯因逸散效果好而保存的少;但有些封闭型地区,岩层屏蔽效果好,即使构造作用产生再多张性裂隙,其通常情况下也不利于瓦斯排放,故而瓦斯得到保存而含量增大,这也是造成低渗透煤层的原因之一。

煤中裂隙的发育程度通常会用裂隙密度反映,即一定距离内裂隙发育数量。裂隙连通性反映了裂隙发育程度与煤层渗透性的关系。低渗透煤层的裂隙连通性一般情况下较差,尤其是松软高地应力煤层,这主要是受煤体硬度、煤层变质程度、煤岩成分、厚度、水文地质、古构造应力场等因素影响。随着埋深增加,孔隙压力增大,煤体吸附性增强,裂隙宽度逐渐减小直至闭合,使得渗透率低,分析其原因主要是吸附瓦斯所引起的收缩变形。另外,强烈的构造变形会破坏原有的裂隙系统,使得煤体发生不同程度的破碎,煤屑阻塞煤体渗流通道,以致煤层渗透率降低、透气性变差。

2.2.3　煤岩体的 NMR 特性

为了进一步对煤岩体的内部结构进行更精确的描述,在此处选用中南大学资源与安全工程学院的 AniMr – 150 核磁共振系统对煤岩体试样(简称煤样)的裂隙进行探测。

岩石孔隙度(Porosity),是岩石内部孔隙空间(Vain Space)的度量,它是岩石孔隙体积与物质总体积的比值,范围在 0 ~ 100%。利用核磁共振技术测定岩石孔隙度,通常是先将岩石试样抽真空,并进行饱水或饱油,使岩石试样孔隙内充满水(油),这样相同体积的岩石样品饱水(油)量的多少就和岩石试样内孔隙度成正比了。孔隙度越高,饱水(油)量越大,所以测得的核磁共振信号越强。

核磁共振弛豫是指原子核通过非辐射的方式从高能级状态转变为低能级状态的过程。对于氢核[1]H 来说,其质子沿外加磁场 B_0 方向运动并向外界释放能量,即 T_1 弛豫现象(纵向弛豫);对于 T_2 弛豫能量转换也是如此。在岩石类材料中,多采用 T_2 弛豫时间来反映岩石内孔隙度的大小。图 2-1 为典型岩石类材料 T_2 弛豫时间与信号强度关系曲线[122]。

已有研究证明,T_2 分布与岩石孔隙尺寸之间存在对应关系,即孔隙尺寸越大,对应的弛豫时间越长,在图 2-1 上体现为曲线就越靠右;相反,孔隙尺寸越小,对应弛豫时间越短,曲线越靠左。图 2-1 曲线横坐标值的大小即对应岩石孔隙尺寸的大小,纵坐标的大小对应着具有该尺寸的孔隙的多少,T_2 谱曲线与 X 轴围成的面积即为岩石材料孔隙度的大小。

试验设备如图 2-2 所示。图 2-3 为正在进行饱油的煤岩体试样。

图 2-4 为 5 个煤样的核磁共振成像图像,图 2-5 为对应的 5 个煤样的 T_2 谱分布曲线。

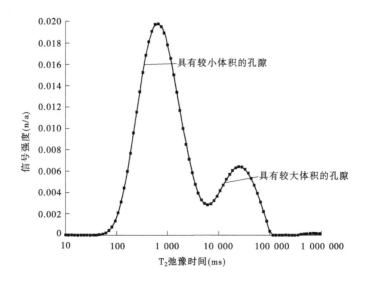

图 2-1　典型岩石类材料 T_2 弛豫时间与信号强度关系曲线

图 2-2　AniMr – 150 核磁共振测试系统

图 2-3　正在进行饱油的煤岩体试样

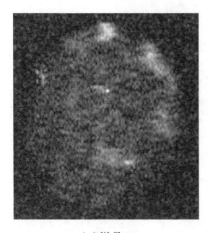 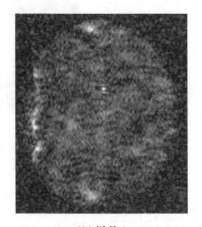

（a）样品 1　　　　　　　　　　　（b）样品 2

图 2-4　5 个煤样的核磁共振成像图像

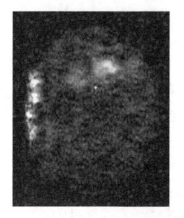 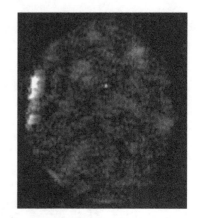

（c）样品 3　　　　　　　　　　　　（d）样品 4

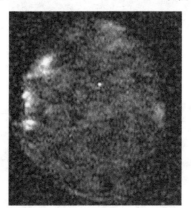

（e）样品 5

续图 2-4

　　低场核磁共振方法，即采用较低的磁场强度通过对储层流体中^{1}H 的核磁信号进行检测，获取孔裂隙中流体的横向弛豫时间（T_2）谱，用于分析储集岩的物性和渗流特征。虽然早在 20 世纪 80 年代，低场核磁共振方法已被广泛应用于研究碎屑岩和碳酸盐岩等常规油气储集岩，但是这项技术却很少被应用于煤的孔裂隙研究中。

　　核磁共振 T_2 谱可反映煤体内部结果的原因是：煤体的内部结构（孔隙和裂隙）中充满水（油）后，水（油）中的^{1}H 核的横向弛豫时间

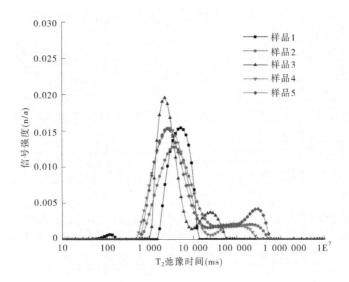

图2-5　5 个煤样的 T_2 谱分布曲线

(T_2) 与孔隙半径成正比,且孔隙越大弛豫时间越长,而孔隙越小弛豫时间越短。

低场核磁共振技术可用于煤的研究的主要理论依据如下:

(1)这些材料中的裂隙和孔隙与 T_2 谱存在着密切的关联;

(2)煤是一种弱磁性物质,且在低场条件下,即使煤中存在微量顺磁性矿物,也不会给测量结果造成影响;

(3)在低场条件下,煤中的固态的 ^{13}C 核和 ^{1}H 核信号将会被屏蔽掉,不会对检测结果造成影响。

研究发现,若将煤中孔裂隙按照孔径大小分为 $<0.1~\mu m$ 的微小孔、$>0.1~\mu m$ 的中大孔和裂隙,则在典型的 T_2 谱中可识别此 3 类孔裂隙类型。

一方面,通过对比饱和水(油)和残余水(油)两种状态下的 T_2 谱可将 $<0.1\mu m$ 微小孔与中大孔和裂隙区别开来。这是因为采用的 200 Psi 的离心压力对煤样离心时,根据 Washburn 方程,同时考虑煤与水(油)之间的表面张力及接触角大小,可计算出该压力所对应的孔喉半径约为 $0.1~\mu m$。这就是说,100% 水(油)饱和煤样的 T_2 谱反映了所有

可探测的孔裂隙信息,而残余水(油)煤样的 T_2 谱则仅反映了全部微小孔和部分中大孔的信息。

另一方面,中大孔和裂隙常在煤的核磁共振谱上呈现不同的谱峰,据此可将中大孔和裂隙区分开来。

在本次测试中,使用的是饱油的岩样。在图 2-5 中,以 3 号煤样为例,该煤样饱和油 T_2 谱中,从弛豫时间由小到大可依次识别出微小孔、中大孔和裂隙 3 个峰:

(1)微小孔的峰主要分布在 $T_2 = 0.5 \sim 2.5$ s。

(2)中大孔的峰主要分布在 $T_2 = 10 \sim 50$ s,其峰值一般较微小孔峰要小得多。

(3)裂隙峰主要分布在 $T_2 > 1\ 000$ s 段。对一般岩体而言,该峰仅见于部分裂隙发育的样品,但在煤岩体中,由图 2-5 可以看出,高峰在 5 个样品中均有出现,说明煤岩体较普通岩体其裂隙更为发育。

研究煤样的分析结果表明,煤中以微小孔峰最发育,其次是中大孔峰,裂隙峰一般较少。这样,就可以得出如下的结论:

(1) T_2 谱中 3 个谱峰分别反映了 3 种孔裂隙类型,其中微小孔的孔峰最大,说明微小孔最发育。

(2)从图 2-4 可以看出,细小亮点间相对比较独立,说明微小孔隙连通性差,相应地,在瓦斯抽采中,其间的瓦斯很难抽出。

(3)中大孔峰的峰值较小,但中大孔发育中等,且具备一定的连通性,可使部分自由流体离出。

(4)裂隙的连通性最好,非常有利于瓦斯的运移。

(5)微小孔和中大孔的两峰之间不连续,说明这两类型孔隙间的连通性差;而中大孔和裂隙两峰间的连续性好,说明这两类孔隙间的连通性好。

2.3　煤层中瓦斯的赋存规律

2.3.1　煤层中瓦斯的赋存方式

煤层基质孔隙中不仅含水,还存在瓦斯(以甲烷气为主)。对于煤层气原位赋存状态,大量研究表明,煤岩主要由基质和裂缝构成,并且基质中发育有大量的孔。煤层中瓦斯主要有 3 种赋存方式:吸附气、游离气和溶解气[123-128]。

(1)吸附气。

吸附气存在于煤基质孔隙内表面,孔隙及裂隙中赋存不同类型的水,吸附气满足朗格缪尔方程,如式(2-1)所示:

$$V = \frac{V_L P}{P + P_L} \tag{2-1}$$

式中　V——吸附量,m^3/m^3;

　　　V_L——兰氏体积,m^3/m^3;

　　　P——压力,MPa;

　　　P_L——兰氏压力,MPa。

(2)游离气。

游离气也称自由气,存在于煤孔隙或裂隙中,符合真实气体状态方程,如式(2-2)所示:

$$PV = ZnRT \tag{2-2}$$

式中　P——压力,MPa;

　　　Z——压缩因子,Kmol;

　　　T——温度,K;

　　　R——气体常数,等于 0.008 741 MPa·m^3/(Kmol·K) = 8.471 Pa·m^3/(Kmol·K)。

(3)溶解气。

气体溶解在煤孔隙或裂隙水的部分,其溶解度可用亨利定律描述,如式(2-3)所示:

$$C = KP \tag{2-3}$$

式中　K——亨利常数;

　　　C——溶解度,mol/mol;

　　　P——达到溶解平衡时某气体在液面上的压力,MPa。

煤岩体中的裂隙和孔隙中存在的水均可认为是连续相的,这些水中的气体一般可分为溶解气和自由气两类。就中高煤阶煤岩体而言,由于大量瓦斯是吸附在煤岩颗粒的表面之上的,故实际的检测表明,80%~90%的瓦斯为吸附气,仅8%~12%为自由气,而溶解气比例为1%或更少;低煤阶煤的情况与此恰恰相反。

在外界条件不变的情况下,煤体中的吸附瓦斯和游离瓦斯是处于动态平衡状态的。吸附状态的瓦斯分子和游离状态的瓦斯分子处于不断地交换之中,当外界的瓦斯压力或者温度发生变化时,就会破坏这种动态平衡,产生新的平衡状态。因此可以认为,由于瓦斯吸附分子和游离分子是在不断地交换之中,在瓦斯的缓慢流动过程中,不存在游离瓦斯易放散和吸附瓦斯不易放散的问题。但是,在突出过程的短暂时间内,游离瓦斯会首先放散,然后吸附瓦斯迅速加以补充。

2.3.2 煤体的吸附作用

煤体表面的吸附性是由于煤体表面分子存在自由力场,当煤层中的瓦斯分子作用到煤体表面时,其中的部分瓦斯分子被煤体所吸附,释放出吸附热能;当被吸附的这部分瓦斯分子重新获得了动能,并且这种能量能够克服煤体表面的引力场时,就会以游离状态下的瓦斯分子重新回到煤层中。在一般情况下,煤体表面瓦斯的吸附过程可分为以下3个步骤:

(1)游离状态下瓦斯分子扩散到煤体表面;

(2)扩散到煤体表面的游离瓦斯分子被煤体所吸附;

(3)被吸附的瓦斯分子与煤体表面之间发生物理化学反应。

由表面物理化学知识可知,一种良好的固体吸附剂必须具备较强的吸附能力和较大的比表面积。吸附能力的大小通常用吸附量来表示。如前所述,吸附气可用朗格缪尔方程即式(2-1)予以表示[129]。

进一步对式(2-1)进行描述,则煤体表面瓦斯吸附量和瓦斯压力间的关系式可表示为:

$$X_X = \frac{abp}{1 + bp} \tag{2-4}$$

$$a = \frac{V_0 \sum}{N d_0} \tag{2-5}$$

$$b = \frac{K_t}{Z_m f_Z} e^{\frac{\bar{E}}{RT}} \tag{2-6}$$

式中　a ——吸附常数，一般在 15 ~ 55 m^3/t；

　　　b ——吸附常数，一般在 0.5 ~ 5.0 MPa^{-1}；

　　　p ——吸附平衡时的瓦斯压力，MPa；

　　　X_X ——给定温度下且瓦斯压力为 p 时单位质量的煤体表面吸
附瓦斯量，m^3/t；

　　　V_0 ——标准状态下气体摩尔体积，22.4 L/mol；

　　　$\sum$ ——煤体的比表面积；

　　　N ——阿伏伽德罗常数，6.02×10^{23} 个/mol；

　　　d_0 ——一个吸附位的面积，nm^2/位；

　　　K_t ——根据瓦斯气体运动论得到的参数；

　　　Z_m ——完全的单分子层中每 cm^2 所吸附的瓦斯气体分子数，
个/cm^2；

　　　$\bar{E}$ ——解吸活化能；

　　　f_Z ——和表面垂直的吸附气体的振动频率；

　　　R ——气体常数；

　　　T ——煤体的温度。

事实上，a 是一个只和煤体比表面积有关的参数，不同煤样吸附瓦斯量的变化，主要是 a 值不同。b 是一个和温度有关的参数，温度变化引起煤体吸附瓦斯量的变化，主要是 b 值不同。

煤结构中分子的不均匀分布和分子作用力的不同导致了煤具有吸附性，其吸附性的大小取决于以下 3 个方面[130]：

（1）煤的结构，即煤的变质程度和有机组成；

（2）煤体吸附时所处的环境条件；

（3）煤体所吸附物质的性质。

其中，煤体吸附时所处的环境条件是最重要的，因为煤体表面对于瓦斯的吸附是一个可逆过程。煤体吸附瓦斯量的大小由煤的变质程度、煤体中的水分、瓦斯压力、瓦斯性质以及吸附平衡时的温度等决定。

①煤的变质程度。煤的变质程度关系着煤体中的瓦斯生成量和煤

的比表面积的大小。在通常情况下,中等变质程度的烟煤到无烟煤,煤体所吸附的瓦斯量呈快速增加趋势。

②煤体中的水分。煤体中水分的增加会使煤的吸附能力大大降低。目前我们通常采用如式(2-3)所示的经验公式来确定煤体中的天然水分对瓦斯吸附量的影响。此外,俄罗斯煤化学家艾琴格尔的经验公式也是常用的公式,根据其公式绘制的计算结果如图2-6所示[130]。

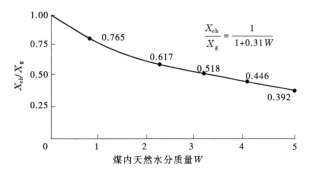

图2-6　艾琴格尔经验公式计算结果

③瓦斯压力。试验研究表明,当温度一定时,煤体瓦斯吸附量与瓦斯压力存在明显的相关关系,这种相关关系可以用双曲线进行近似描述,如图2-7所示[131]。由图2-7可知,随着煤层瓦斯压力的逐渐升高,煤体的瓦斯吸附量逐渐增大;当煤层中的瓦斯压力大于3 MPa时,煤体

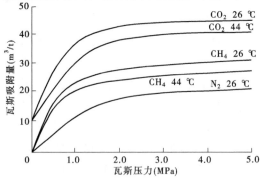

图2-7　瓦斯吸附量与瓦斯压力关系

所吸附的瓦斯量将趋于定值。

④瓦斯性质。对于同一种煤,在一定的温度和瓦斯压力条件下,煤体对甲烷的吸附量要小于对二氧化碳的吸附量,同时又大于对氮气的吸附量。

2.3.3　煤层瓦斯的吸附与解吸

解吸与吸附作用几乎是完全可逆的过程,同样可用朗格缪尔(Langmuir)等温吸附定理来描述。

朗格缪尔模型(Langmuir,1916)是根据汽化和凝聚的动力学平衡原理建立的,其方程简单实用,已广泛用于煤和其他吸附剂对气体的吸附,大多数用于煤体的等温吸附仪也是遵循这一原理设计的。

朗格缪尔模型是基于单分子层吸附理论得出的,其基本假设为[132]:吸附平衡是动态平衡,所谓动态平衡是指吸附达到平衡时,吸附仍在进行,相应的解吸(脱附)也在进行,只是吸附速度等于解吸速度,上述过程可以表示为:

气体分子(空间) $\underset{\text{解吸}}{\overset{\text{吸附}}{\rightleftharpoons}}$ 气体分子(被吸附在固体表面上)

用 θ 代表表面被覆盖的百分数,即为覆盖度:

$$\theta = \frac{S_\theta}{S_t} \times 100\% \tag{2-7}$$

式中　S_θ——已被吸附质覆盖的固体表面积,m^2;

　　　S_t——固体的总表面积,m^2。

则 $1 - \theta$ 表示空白百分数。当吸附达到平衡时,根据基本假设可知,吸附速度等于解吸速度。若以 N 代表单位时间内单位表面上的碰撞分子数,根据气体动理论,有:

$$N = \frac{P}{\sqrt{2\pi mkT}} \tag{2-8}$$

式中　P——气体压力,Pa;

　　　m——气体分子的质量,g;

　　　k——Boltzman 常数,约为 $1.380\ 7 \times 10^{-23} J \cdot K^{-1}$;

T——绝对温度，K。

设 a 为碰撞分子中被吸附的分子百分数，根据朗格缪尔模型中的基本假设，吸附速度 v_a 应为：

$$v_a = aN(1 - \theta) \tag{2-9}$$

由基本假设可知，单位时间、单位面积上解吸的分子数只与被覆盖的百分数成正比，所以解吸速度 v_d 为：

$$v_d = v\theta \tag{2-10}$$

式中：v 为解吸比例常数，由上式可以看出，它为 $\theta = 1$ 时的解吸速度。

吸附平衡时，$v_a = v_d$，即可导出：

$$\theta = \frac{\dfrac{a}{v}N}{1 + \dfrac{a}{v}N} = \frac{P}{1 + bP} \tag{2-11}$$

式（2-11）即为朗格缪尔吸附等温式，其中

$$b = \frac{a}{v} \cdot \frac{1}{\sqrt{2\pi mkT}} \tag{2-12}$$

朗格缪尔吸附等温式还可以写为：

$$\theta = \frac{V}{V_m} = \frac{bP}{1 + bP} \quad \text{或} \quad V = \frac{V_m bP}{1 + bP} = \frac{abP}{1 + bP} = \frac{V_L P}{P + P_L} \tag{2-13}$$

式中　V_L、V_m、a——每克吸附剂的表面覆盖满单分子层时的吸附量，也称最大吸附量，V_L 通常称为朗格缪尔体积，$V_L = V_m = a$；

　　　　V——每克吸附剂在气体压力为 P 时吸附气体的吸附量；

　　　　P_L——朗格缪尔压力，MPa，P_L 等于 $\dfrac{1}{b}$。

V_m 和 V 在计算时均以在标准状态下的体积表示。

式（2-13）中的 b 称为吸附系数。若一个分子被吸附时放热 q，则被吸附分子中具有 q 以上能量的分子就能离开表面返回气相。根据波尔兹曼定理，返回气相的分子数与 $\exp(-q/kT)$ 成正比，所以：

$$v = v_0 \exp(-q/kT) \tag{2-14}$$

式中，v_0 为初始解吸比例常数，其他符号意义同前。将式(2-14)代入式(2-12)得：

$$b = a\exp\frac{(q/kT)}{\left[v_0\left(2\pi mkT\right)^{1/2}\right]} \qquad (2\text{-}15)$$

由式(2-15)可以看出，b 主要是温度和吸附热的函数。对于放热过程，q 增加，b 也随之增大，温度升高，b 减小。所以，一般提高温度，吸附量降低。

(1)压力效应。

显然，当其他条件一定时，煤体的瓦斯吸附量必然随着压力的增大而增大，但这种压力效应相应在不同的压力区间表现有所不同。

当处在中—高压区间时，煤体瓦斯吸附量仍随压力增大而增大，但增长率却在逐渐变小，且存在一个极限压力，此时，瓦斯吸附量达到最大值；当超过这一极限值以后，吸附量一般不再发生变化。

当处于低压区间时，煤体吸附量可用式(2-16)表示，此公式即为亨利(Henry)公式：

$$V = V_{\mathrm{L}}bP \qquad (2\text{-}16)$$

式中　　V——吸附量，cm^3/g；

　　　　V_{L}——朗格缪尔吸附常数，cm^3/g；

　　　　b——朗格缪尔压力常数，$1/MPa$；

　　　　P——气体压力，MPa。

(2)温度效应。

温度效应可用 vantHoff 方程予以表达，如式(2-17)所示：

$$b = \frac{1}{P_{\mathrm{L}}} = b_0\exp(-\Delta H/RT) \qquad (2\text{-}17)$$

式中　　b_0——朗格缪尔压力常数，$1/MPa$；

　　　　ΔH——吸附能，$cal/(g\cdot mol\cdot k)$；

　　　　R——通用气体常数，$1.987\ cal/(g\cdot mol\cdot k)$；

　　　　T——绝对温度，K。

可见，从理论上讲，温度对煤体中瓦斯的吸附量不直接起作用，但温度会影响压力，进而影响瓦斯吸附。同时，式(2-17)实际说明了温度对解吸具有一定的活化效应，即解吸活动随温度升高而增强。

由式(2-17)还可知道,由于吸附是放热过程,吸附量随温度升高而减小,随温度降低而增加。

2.4　煤层瓦斯的流动机制

成煤过程中,在高温高压的作用下,煤中挥发分在由固体转变为气体而排出的过程中,煤中即形成了大量的相互沟通的微孔;而在漫长的地质年代中,地层的运动对煤体的破坏和搓揉又将煤层破坏成为若干煤粒和煤块的集合体,因而煤层中存在着一个巨大的孔隙裂隙网。当采掘工作进入煤层后,由于巷道空间的气压是一个大气压左右,而煤层瓦斯往往处于高压状态,因而瓦斯即从地层和煤层向巷道空间运移,这种运移在绝大多数情况下表现为瓦斯由煤层内部向煤面的涌出。煤层瓦斯的运移是一个复杂的运动过程,它与煤层的结构和煤层中瓦斯赋存状态密切相关[133-134]。

2.4.1　流体在多孔介质中运移的状态

流体在多孔介质中的运移主要是通过相互连通的孔隙裂隙网格进行的,由于孔径和裂隙宽度都很狭小,这种传输过程是很缓慢的。如果在运移过程中流体与固体骨架之间不发生物理化学的反应和交换,则比较简单,仅仅是一个力学过程,从高压区流向低压区;但在某些情况下就相当复杂。一般情况下,流体在多孔介质中的运移大致具有下列4种状态[135]。

(1)流动传输。

瓦斯在煤层中流动时,一般是以层流状态在孔隙和裂隙中渗透运动,由高压区流向低压区;当裂隙宽度相当大时,可出现紊流运动;在孔隙非常小,孔径小于瓦斯分子自由程时可出现分子滑流,即克林伯格(Klinbenbery)效应[136]。

除此之外,瓦斯流动还符合气体流动的一般规律,即从高浓度区域向低浓度区域扩散。

(2)储存。

在流动过程中,当温度发生变化,流体出现相态变化时所发生的能量积聚。

（3）交换。

交换即流体在流动过程中的相态转变,往往是伴随着热量的交换进行的。

（4）内部反应。

流体在流动过程中发生的量的变化。增加时称为源,减少时称为汇。

2.4.2　瓦斯在煤层中运移的基本规律

瓦斯在中孔以上的孔隙或裂隙内的运移可能有层流和紊流两种形式,而层流运移通常又可分为线性和非线性渗透两种,紊流一般只有发生在瓦斯喷出和煤与瓦斯突出时的瓦斯流动,在原始煤层中瓦斯的运移是层流运动[137]。

2.4.2.1　**线性渗透**

当瓦斯在煤层中的流动为线性渗透,即瓦斯流速与煤层中瓦斯压力梯度成正比时,呈线性规律,符合达西定律。多次试验证实,并不是所有地下流体的层流运动都服从达西定律,当流体的雷诺数 Re 远小于 2 000（层流临界值）时,流体运动已不服从达西定律。因此,瓦斯在煤体中的流动可以分为 3 个区域。

（1）低雷诺数区:雷诺数为 1 ~ 10,此时黏滞力具有优势地位,故瓦斯流动属于线性层流区域,服从达西定律。

（2）中雷诺数区:雷诺数为 10 ~ 100,故瓦斯流动属于非线性层流区域,服从非线性渗透定律。

（3）高雷诺数区:雷诺数大于 100,故瓦斯流动为紊流,此时惯性力占优势,瓦斯的流动阻力和流速的平方成正比关系。

瓦斯在煤内流动的孔道是弯曲的,而断面又是变化的,每一流体质点沿曲线运动,具有连续变化的速度和加速度。当孔径小、速度低时,黏滞力占优势,由黏滞性产生的摩擦阻力占优势,与黏滞力比较,惯性力可以忽略,这时表现为服从达西定律;当孔径增大、流速加快后,惯性力随流速增大,当它接近于摩擦阻力的数量级时,达西定律就不适用了,这一变化发生在层流转变为紊流之前,主要是因为煤内孔隙的大小、形状、曲率以及孔隙和裂隙结构都极不均匀。从宏观上看,煤层瓦斯的流动在大部分区域和大多数情况下仍以线性渗透为主。

2.4.2.2　非线性渗透

当雷诺数大于一定值以后,瓦斯在煤层中的流动即处于非线性渗透而不服从达西定律。在非线性渗透条件下,比流量与压力差之间的关系可用式(2-18)所示的指数方程表示。

$$q_n = -\lambda \left(\frac{\mathrm{d}P}{\mathrm{d}n}\right)^m \tag{2-18}$$

式中　　q_n——在 n 点的比流量,$m^3/(m^2 \cdot d)$;

　　　　m——渗透指数,$m = 1 \sim 2$;

　　　　$\mathrm{d}P$——瓦斯压力平方差,MPa^2;

　　　　$\mathrm{d}n$——与瓦斯流动方向一致的某一极小长度,m;

　　　　λ——煤层透气系数,$m^2/(MPa^2 \cdot d)$。

当 $m = 1$ 时,式(2-18)与达西定律相同;当 $m > 1$ 时,表明随着雷诺数增大,流体流动在转弯、扩大、缩小等局部阻力处引起的压力损耗增大,致使比流量 q_n 降低,此时流体在多孔介质中的流动就表现为非线性渗透。

非线性渗透的情况也产生在压力梯度很小、流速很低的情况下,此时可能产生非牛顿流动,即壁面分子对流体分子的吸引力会对流动产生阻滞作用。在孔隙直径非常小,小于流过气体分子的平均自由程时,分子不能以气体状态自由运动,而是在孔隙壁面上产生滑动(这就是分子滑流,即克林伯格效应),这种情况也使流动状态偏离线性渗透。

2.4.3　瓦斯在煤层中的流动

瓦斯在煤层中的流动是一个十分复杂的运动过程,其流动不仅和煤层中瓦斯的赋存状态有关,而且和矿井中煤层的采掘工作及空间状态有关。

瓦斯在煤层中的流动需要有两个条件:一是要有一定的流动通道,即煤层要有一定的透气性;二是煤体中的瓦斯必须具备一定的压力。目前的研究认为,在原始煤层的一定范围内,煤层中的透气性基本上可以认为是一个定值。

分析还可以得知,原岩中各种形式的瓦斯的流动状态实际上受煤体中瓦斯压力大小所控制。此外尚有其他研究表明,一般而言,煤体中瓦斯的压力沿煤层倾斜方向与深度成正比。同时还发现,瓦斯压力沿煤层走向的变化一般不大,这种状态体现为煤层中往往分布着比较稳定的瓦斯压力等压线。

在进行矿井采掘活动时,一般情况下将会破坏煤层中原始应力的平衡状态,导致煤体透气性发生变化,并且使煤层中原有的瓦斯压力平衡状态受到破坏,形成瓦斯流动。在矿井中测定到的瓦斯等压线往往不是很规则的,这是煤层中的原始瓦斯压力分布不均以及煤层透气性不同的缘故。在矿井中,这种由高压流向低压的瓦斯流动状态大多表现为矿井瓦斯涌出;在特殊情况下,则可以形成瓦斯喷出和突出。在现场的实际测定表明,煤层的透气性一般都很低,瓦斯在其中的流速也很小。此种情况下,煤层中的瓦斯流动状态宏观上基本属于层流运动,也就是瓦斯的流速和压差成正比,与煤的渗透率成正比,符合线性渗透定律;只有在瓦斯流量相当大的情况下,煤壁附近的煤体内才可能出现紊流运动。

煤层中瓦斯涌出的状态和数量随地点不同而不同。

(1)在钻孔壁、巷道两帮、煤柱等固定表面上,单位面积上的瓦斯涌出量一般随煤壁暴露时间的增长而逐渐减小。有时由于地压的活动改变了煤层透气性,瓦斯涌出有起伏变化的现象。

(2)对于移动煤壁,如掘进工作面,其瓦斯涌出量和煤巷的掘进速度有关。由于工作面的推进速度往往不均匀,所以瓦斯涌出量也是不断变化的,一般随煤壁的推进速度的增加而增大。

(3)巷道中的瓦斯涌出一部分来自掘进工作面,这部分的瓦斯涌出量和生产工艺、机械装备有关。如采用爆破掘进的工艺,爆破使工作面前方煤体产生突然的应力变化和煤体破碎,可使瓦斯大量涌出。另一部分来自采落的煤炭,其可造成巷道瓦斯涌出量急剧变化。采用综掘机掘进巷道时,由于机械是逐步切割煤层的,其应力变化引起的煤体破碎是比较缓慢的,所以其瓦斯涌出曲线比较平缓。采用水力掘进巷道时,水射流猛烈切割煤层,掘进速度很快,煤体中瓦斯释放猛烈,瓦斯涌出峰值较高。

(4)回采工作面的瓦斯涌出不同于掘进巷道,仅与掘进工作面相仿,它的涌出与生产工艺密切相关。综采机组在采煤过程中使工作面前方的煤体应力作跳跃式的变化,切割速度愈快,瓦斯涌出量愈大,当然这种涌出不均衡与煤层瓦斯含量和透气性有关。

2.5　煤体流固耦合力学特性方程

煤也是一种复杂的可变形介质,但在 21 世纪之前的研究中,有关煤层瓦斯流动规律研究的公开报道,虽将煤层瓦斯看作可压缩流体,但普遍都将煤体视为不可变形的介质,与实际不符。在煤层开采过程中,煤层骨架所承受的应力无疑将发生变化,导致煤层骨架的体积和孔隙的变化,从而使煤层孔隙内瓦斯压力随之发生变化。瓦斯压力的变化而引起煤体吸附瓦斯发生变化,并使煤层骨架所受的有效应力发生变化,由此导致煤岩特性变化;另一方面,这些变化又反过来影响煤层瓦斯的流动和压力的分布。因此,若使煤层瓦斯流动理论的研究更符合实际,就必须研究煤体瓦斯的流固耦合作用。

在前文的分析中,已经说明煤层中瓦斯的赋存和流动状态与温度有一定的关系,但由于温度场只是次要因素,且要在流固耦合分析中添加温度场方程,必然会对方程求解带来很大的麻烦,故在此假定温度为恒定。

2.5.1　基本假设

在流固耦合问题中,一般要将渗流场、应力场两个场同时放在平等的地位加以思考,并不能忽略彼此的相互影响作用。在此处分析时,将瓦斯视为是流体加以处理。从宏观角度来说,在一般的渗流速度下,当裂隙、孔隙中的游离瓦斯渗流而导致游离瓦斯压强降低时,吸附瓦斯在瞬间即可转化为游离瓦斯。这样就可以对煤与瓦斯的流固耦合特性作如下的假设:

(1)含瓦斯煤为均质和各向同性的线弹性体,且煤体及瓦斯传热参数不随温度而变化。

（2）含瓦斯煤被单相的瓦斯所饱和。

（3）游离瓦斯渗流运动和煤体变形运动的惯性力、瓦斯的体积力忽略不计。

（4）含瓦斯煤骨架的有效应力变化遵循修正的 Terzaghi 有效应力规律，即满足式（2-19）。

$$\begin{cases} \sigma'_{ij} = \sigma_{ij} - \alpha P\delta_{ij} \\ \alpha = \dfrac{\sigma(1-\varphi)}{P} + \varphi \end{cases} \tag{2-19}$$

（5）饱和孔隙、裂隙介质的体积变形由两部分组成，即煤体骨架的变形与孔隙、裂隙变形，这样就有式（2-20）。

$$\alpha_b = (1-\varphi)\alpha_s + \varphi\alpha_p \tag{2-20}$$

式中　α_b——煤体总的体积变形；

　　　α_s——本体体积变形率；

　　　α_p——孔隙变形率。

假设 $(1-\varphi)\alpha_s \ll \varphi\alpha_p$，因而饱和多孔介质的体积变形等于孔隙变形。

（6）瓦斯在煤层中的渗流规律符合达西定律。

（7）煤体中吸附状态和游离状态的瓦斯分别服从修正的 Langmuir 吸附平衡方程和真实气体状态方程。

$$Q = \left(\frac{abPc}{1+bP} + \varphi\frac{P}{P_n} \right)\rho_n \tag{2-21}$$

$$\rho_g = \frac{\rho_n P}{P_n Z} \tag{2-22}$$

（8）煤体的变形是微小的，煤体处于线弹性变形阶段，遵守广义虎克定律，如式（2-23）所示。

$$\sigma'_{ij} = \lambda\delta_{ij} + 2G\varepsilon_{ij} \tag{2-23}$$

式中　λ——拉梅（Lame）常数；

　　　G——剪切模量。

2.5.2 耦合应力场方程

2.5.2.1 平衡方程

含瓦斯煤是由含分子尺度孔隙的煤粒组成的骨架及煤粒间裂隙共同组成的双重孔隙介质。煤体颗粒相互接触或胶结形成煤体骨架,而瓦斯流体则存在于骨架内的孔隙和裂隙中。在载荷作用下,煤体将产生应力,煤体骨架将发生变形或位移错动,而瓦斯流体在伴随煤体骨架运动的同时,还做相对于煤体骨架的渗流运动。

根据弹性理论基本原理及力的平衡条件,可以得到煤岩体中一点的平衡微分方程,如式(2-24)所示:

$$
\begin{cases}
\dfrac{\partial \sigma_x}{\partial x} + \dfrac{\partial \tau_{yx}}{\partial y} + \dfrac{\partial \tau_{zx}}{\partial z} + X = 0 \\[2mm]
\dfrac{\partial \sigma_y}{\partial y} + \dfrac{\partial \tau_{yz}}{\partial z} + \dfrac{\partial \tau_{yx}}{\partial x} + Y = 0 \\[2mm]
\dfrac{\partial \sigma_z}{\partial z} + \dfrac{\partial \tau_{yx}}{\partial x} + \dfrac{\partial \tau_{zy}}{\partial y} + Z = 0
\end{cases}
\tag{2-24}
$$

写成张量形式,为:

$$
\sigma_{ij,j} + F_i = 0 \quad (i,j = 1,2,3)
\tag{2-25}
$$

根据修正的有效应力公式:

$$
\sigma'_{ij} = \sigma_{ij} - \alpha P \delta_{ij}
\tag{2-26}
$$

得出有修正的平衡微分方程式(2-27):

$$
\sigma'_{ij,j} + (\alpha P \delta_{ij})_j + F_i = 0 \quad (i,j = 1,2,3)
\tag{2-27}
$$

2.5.2.2 几何方程

在含瓦斯煤空间问题中,$u(x,y,z)$、$v(x,y,z)$、$w(x,y,z)$分别为x、y、z方向的位移分量,它们是坐标的连续单值函数,则应变分量与位移分量应满足几何方程,即所谓的柯西方程,用张量符号表示如式(2-28)所示。

$$
\varepsilon_{ij} = \frac{1}{2}(u_{i,j} + u_{j,i}) \quad (i,j = 1,2,3)
\tag{2-28}
$$

2.5.2.3 流固本构方程

根据参考文献[138]的研究,含瓦斯煤总应变是热应变、瓦斯压力压缩煤体引起的应变、吸附瓦斯膨胀引起的应变及地应力导致的应变之和,但在此处忽略热应变的影响,即在方程中假设温度恒定。

因孔隙内瓦斯压力增大会引起煤体颗粒产生压缩应变,对于各向同性的含瓦斯煤,应变沿三个轴向相等,而且不会引起切应变。其体积应变为 $-K_Y\Delta P$,则瓦斯压力引起的线压缩应变量用式(2-29)表达。

$$\varepsilon_{PY} = -\frac{K_Y}{3}\Delta P = -\frac{K_Y}{3}(P - P_0) \tag{2-29}$$

因煤体颗粒吸附瓦斯引起的线吸附膨胀应变可用式(2-30)表示。

$$\varepsilon_{PX} = \frac{2\rho RT\alpha K_Y}{9V_m}\ln(1 + bP) \tag{2-30}$$

根据虎克定律,地应力引起的应变可用式(2-31)表示。

$$\varepsilon_W = \frac{1}{2G}\left(\sigma' - \frac{\upsilon}{1 + \upsilon}\Theta'\right) \tag{2-31}$$

将式(2-29)、式(2-30)和式(2-31)相加就能得到流固耦合方程,如式(2-32)所示。

$$\begin{aligned}\varepsilon &= \varepsilon_{PY} + \varepsilon_{PX} + \varepsilon_W \\ &= -\frac{K_Y}{3}(P - P_0) + \frac{2\rho RT\alpha K_Y}{9V_m}\ln(1 + bP) + \frac{1}{2G}\left(\sigma' - \frac{\upsilon}{1 + \upsilon}\Theta'\right)\end{aligned}$$
$$\tag{2-32}$$

根据式(2-32),则可以得到式(2-33),即用应变表示应力。

$$\sigma' = 2G\varepsilon + \frac{\upsilon}{1 + \upsilon}\Theta' - 2G\left[\frac{2\rho RT\alpha K_Y}{9V_m}\ln(1 + bP) - \frac{K_Y}{3}(P - P_0)\right]$$
$$\tag{2-33}$$

引入拉梅常数,有:

$$\theta_{PY} = \frac{(3\lambda - 2G)K_Y}{3} \tag{2-34}$$

$$\theta_{PX} = \frac{(3\lambda + 2G)(2\rho RK_Y)}{9V_m} \tag{2-35}$$

利用式(2-34)、式(2-35)及虎克定律,对式(2-33)进行改写后有:

$$\sigma' = 2G\varepsilon + \lambda e - \frac{(3\lambda - 2G)K_Y\Delta P}{3} - \frac{(3\lambda + 2G)(2P\alpha RK_Y)T}{9V_m}\ln(1 + bP)$$
$$\tag{2-36}$$

$$\sigma' = 2G\varepsilon + \lambda e - \theta_{PY}\Delta P\delta_{ij} - \theta_{PX}\alpha T\ln(1 + bP) \qquad (2\text{-}37)$$

式(2-37)即为流固本构方程。

2.5.2.4　应力场方程

将式(2-30)代入流固本构关系式(2-37)可得：

$$\begin{cases} \sigma'_x = \lambda e + 2G\dfrac{\partial u}{\partial x} - \theta_{PY}\Delta P - \theta_{PX}\alpha T\ln(1 + bP) \\[2mm] \sigma'_y = \lambda e + 2G\dfrac{\partial v}{\partial y} - \theta_{PY}\Delta P - \theta_{PX}\alpha T\ln(1 + bP) \\[2mm] \sigma'_z = \lambda e + 2G\dfrac{\partial w}{\partial z} - \theta_{PY}\Delta P - \theta_{PX}\alpha T\ln(1 + bP) \\[2mm] \tau'_{xy} = G\left(\dfrac{\partial v}{\partial x} + \dfrac{\partial u}{\partial y}\right) \\[2mm] \tau'_{yz} = G\left(\dfrac{\partial w}{\partial y} + \dfrac{\partial v}{\partial z}\right) \\[2mm] \tau'_{zx} = G\left(\dfrac{\partial u}{\partial z} + \dfrac{\partial w}{\partial x}\right) \end{cases} \qquad (2\text{-}38)$$

将式(2-38)代入平衡微分方程式(2-27)，可得：

$$\begin{cases} (\lambda + G)\dfrac{\partial e}{\partial x} + G\nabla^2 u + \dfrac{\partial(\alpha P)}{\partial x} - \theta_{PY}\dfrac{\partial\Delta P}{\partial x} - \theta_{PX}\dfrac{\partial[\alpha T\ln(1 + bP)]}{\partial x} + X = 0 \\[2mm] (\lambda + G)\dfrac{\partial e}{\partial y} + G\nabla^2 v + \dfrac{\partial(\alpha P)}{\partial y} - \theta_{PY}\dfrac{\partial\Delta P}{\partial y} - \theta_{PX}\dfrac{\partial[\alpha T\ln(1 + bP)]}{\partial y} + Y = 0 \\[2mm] (\lambda + G)\dfrac{\partial e}{\partial z} + G\nabla^2 w + \dfrac{\partial(\alpha P)}{\partial z} - \theta_{PY}\dfrac{\partial\Delta P}{\partial z} - \theta_{PX}\dfrac{\partial[\alpha T\ln(1 + bP)]}{\partial z} + Z = 0 \end{cases}$$

$$(2\text{-}39)$$

但在式(2-39)中未考虑体力，故还应考虑体力的影响。在本推导中，体力主要是岩体本身的重力，故可用式(2-40)表示。

$$F_j = \begin{bmatrix} 0 & 0 & ((1 - \varphi)\rho)g \end{bmatrix}^{\mathrm{T}} \qquad (2\text{-}40)$$

这样，联立式(2-39)和(2-40)，可得：

$$\begin{cases} (\lambda + G)\dfrac{\partial e}{\partial x} + G\nabla^2 u + \dfrac{\partial(\alpha P)}{\partial x} - \theta_{PY}\dfrac{\partial \Delta P}{\partial x} - \theta_{PX}\dfrac{\partial[\alpha T\ln(1+bP)]}{\partial x} = 0 \\[2mm] (\lambda + G)\dfrac{\partial e}{\partial y} + G\nabla^2 v + \dfrac{\partial(\alpha P)}{\partial y} - \theta_{PY}\dfrac{\partial \Delta P}{\partial y} - \theta_{PX}\dfrac{\partial[\alpha T\ln(1+bP)]}{\partial y} = 0 \\[2mm] (\lambda + G)\dfrac{\partial e}{\partial z} + G\nabla^2 w + \dfrac{\partial(\alpha P)}{\partial z} - \theta_{PY}\dfrac{\partial \Delta P}{\partial z} - \theta_{PX}\dfrac{\partial[\alpha T\ln(1+bP)]}{\partial z} + [(1-\varphi)\rho]g = 0 \end{cases}$$

$$(2\text{-}41)$$

式(2-41)即为应力场方程。

2.5.3　耦合渗流场方程

2.5.3.1　连续性方程

因含瓦斯煤是一种孔隙、裂隙较为发育的天然材料,Mandebrot 创立的分形理论,使解决岩体结构尺度效应规律成为可能。分形几何学的核心思想就是尺度变化的不变性,即不同尺度的自相似性。所谓自相似性就是局部的形态与整体相似。

根据已有的研究结果可知,煤体的裂纹分布尺度和裂纹分布形式均具有自相似性,也即对于含瓦斯煤这种介质,虽然其本身具有孔隙、裂隙系统的自然复杂性,但若选择适当尺度的表征单元体的试验结论推而广之,并不会导致太大的误差。因此,有关煤层瓦斯渗透的试验规律仍然符合煤层内瓦斯渗透的宏观规律,表征单元体的渗透数学模型也可以有效推广于描述现场煤层内瓦斯渗透的客观规律。

在流固耦合系统的含瓦斯煤岩体中,假定瓦斯在任一煤岩体中的流入和流出的速度保持不变,则对一微元而言,其瓦斯流入和流出的质量差可用式(2-42)、式(2-43)和式(2-44)表示。

$$\mathrm{d}m_x = -\frac{\partial(\rho_g q_x)}{\partial x}\mathrm{d}x\mathrm{d}y\mathrm{d}z\mathrm{d}t \qquad (2\text{-}42)$$

$$\mathrm{d}m_y = -\frac{\partial(\rho_g q_y)}{\partial y}\mathrm{d}x\mathrm{d}y\mathrm{d}z\mathrm{d}t \qquad (2\text{-}43)$$

$$\mathrm{d}m_z = -\frac{\partial(\rho_g q_z)}{\partial z}\mathrm{d}x\mathrm{d}y\mathrm{d}z\mathrm{d}t \qquad (2\text{-}44)$$

则在 $\mathrm{d}t$ 时间内,流入流出微元的质量总差值为:

$$dm = -\left[\frac{\partial(\rho_g q_x)}{\partial x} + \frac{\partial(\rho_g q_y)}{\partial y} + \frac{\partial(\rho_g q_z)}{\partial z}\right]dxdydzdt \quad (2\text{-}45)$$

根据质量守恒定律,各方向上单位时间流入和流出微元六面体质量的总差值再加上源汇项的单位体积质量源的生成量应等于单位时间内微元体内因瓦斯流体密度的变化引起的质量变化量 dm'。若设单位体积内煤的瓦斯含量为 Q,则在 dt 时间段内微元体内的质量变化为:

$$dm' = \left(Q + \frac{\partial Q}{\partial t}dt\right)dxdydz - \rho_g \varphi dxdydz = \frac{\partial Q}{\partial t}dxdydz \quad (2\text{-}46)$$

由于有:

$$dm + Idxdydzdt = dm' \quad (2\text{-}47)$$

联立式(2-45)~式(2-47),有:

$$-\left[\frac{\partial(\rho_g q_x)}{\partial x} + \frac{\partial(\rho_g q_y)}{\partial y} + \frac{\partial(\rho_g q_z)}{\partial z}\right]dxdydzdt + Idxdydzdt$$

$$= \frac{\partial Q}{\partial t}dxdydz - \left[\frac{\partial(\rho_g q_x)}{\partial x} + \frac{\partial(\rho_g q_y)}{\partial y} + \frac{\partial(\rho_g q_z)}{\partial z}\right] + I$$

$$= \frac{\partial Q}{\partial t} \quad (2\text{-}48)$$

式(2-48)即为瓦斯在煤层内流动的连续性方程。

2.5.3.2　渗流场方程

根据"基本假设"的约定,瓦斯在煤层中的流动符合达西定律、瓦斯含量方程和气体状态方程,并将此 3 个方程代入式(2-48),可得:

$$\frac{\partial\left[\left(\frac{abcP}{1+bP} + \varphi\frac{P}{P_n}\right)\rho_n\right]}{\partial t} - \nabla\left(\frac{P}{P_n}\frac{k}{\mu}\nabla P\right) = I \quad (2\text{-}49)$$

$$\left[2\varphi + \frac{2abcP_n}{(1+bP)^2} + \frac{2abcP_n}{1+bP}\right]\frac{\partial P}{\partial t} + 2P\frac{\partial\varphi}{\partial t} - \nabla\left(\frac{k}{\mu}\nabla P^2\right) = I \quad (2\text{-}50)$$

根据文献[133]的结论,有

$$\frac{\partial\varphi}{\partial t} = \left(1 - \frac{k'}{k}\right)\frac{\partial e}{\partial t} + \frac{1-\varphi}{k_s}\frac{\partial P}{\partial t} \quad (2\text{-}51)$$

式中

$$k' = \frac{2G(1 + \nu)}{3(1 - 2\nu)} \qquad (2-52)$$

令

$$\alpha = 1 - \frac{k'}{k} \qquad (2-53)$$

式中, k' 和 k 分别为含瓦斯煤整体体积模量和煤体骨架体积模量。

将式(2-50)、式(2-51)与(2-53)3式联立,有:

$$I = 2\alpha P \frac{\partial e}{\partial t} + \left[2\varphi + \frac{2(1 - \varphi)}{k_s}P + \frac{2abcP_n}{(1 + bP)^2} + \frac{2abcP_n}{1 + bP} \right]\frac{\partial P}{\partial t} -$$

$$\nabla\left(\frac{k}{\mu} \nabla P^2 \right) \qquad (2-54)$$

式(2-54)即为耦合渗流方程。

上述建立的煤与瓦斯的流固耦合方程包括应力场方程和渗流场方程,只要按照现场或者给定的边界条件,就能对模型进行解析求解或数值求解。

2.6 本章小结

(1)分析了煤层内部结构特征,着重探讨了煤层孔隙结构和裂隙结构对瓦斯赋存和流动的影响,并通过核磁共振探测系统对煤岩体的内部结构进行了无损探测,研究了煤岩体的孔隙和裂隙特征。

(2)探究了煤层中瓦斯的赋存规律,在吸附、游离和溶解3种瓦斯赋存方式中,重点分析了吸附气的特征。

(3)分析和总结了煤体中瓦斯的流动机制,指出在井下开采中瓦斯的涌出量和工作面的推进速度密切相关。井下涌出的瓦斯,一部分由掘进或生产工作面直接涌出,一部分则来自已经采下的煤炭。

(4)根据流固耦合力学的基础理论,提出了煤与瓦斯相互作用实际是一个流固力学问题,据此提出了其基本假设,通过建立耦合应力场方程和耦合渗流场方程对煤与瓦斯的相互作用及其耦合特性进行了研究。

第3章 水力割缝致裂煤体机制及数值模拟研究

3.1 引　言

随着煤层开采深度逐渐加大,其渗透性逐渐降低,致使煤层瓦斯抽采困难,如何增大煤层透气性是当前采矿工作的难题。由于传统的瓦斯抽放量小且抽放率很低,所以迫切需要寻找有效地提高低渗透煤层瓦斯预抽效果的方法。正是在这种背景下,以水力化消突技术为代表的煤与瓦斯突出防治方法得到广泛应用,并发挥了重要作用。

研究表明水力化消突措施可显著改善煤层的透气性,是治理高瓦斯低透气性煤层煤与瓦斯突出灾害的有效方法。与很多岩体工程类似,在煤与瓦斯突出灾害的机制和防治方面,理论远滞后于实际工程,尤其是在水力化消突方面,虽然目前的研究不足以完全揭示其基本原理,但是这些研究正在逐渐接近于真相,对水力化消突措施在实践中的应用具有一定的指导意义。

本章在水力致裂煤体增透机制研究的基础上,通过数值模拟研究进一步分析水力割缝致裂煤岩体的过程,以能更清楚地了解在水力致裂实施过程中煤岩体的破坏及裂隙扩展规律,为水力割缝技术在工程中的实际应用提供一定的参考。

3.2 水力致裂煤体的增透机制

3.2.1 水力致裂煤体的瓦斯驱赶理论

煤层水力致裂通过水压主裂缝扩展、翼型分支裂纹扩展和吸水湿润作用,达到结构改造、强度弱化和增透等工程需要,是煤层增透抽采瓦斯、煤与瓦斯突出防治、冲击矿压防治的有效技术措施,并在各类煤矿中得到了广泛应用。常规的煤岩体注水以渗透吸水使煤层湿润软化为主要特征,这与当前使用的煤岩体水力致裂有着显著的区别。一般来说,煤岩体的变质程度越高,其内部的孔隙就越多,其内部的瓦斯含量就越大。经历后期的地质构造等运动后,煤层内形成很多节理裂隙,所以煤层是典型的双重孔隙介质。煤变质过程形成的瓦斯气体一部分扩散至外界,但由于煤层顶底板围岩的密闭性能较好,仍有相当部分的瓦斯保留在煤层内部,且煤层的埋藏深度越大,煤层的瓦斯含量就越大。目前大多数煤层均含有瓦斯,煤层瓦斯主要以吸附态和游离态赋存在煤层内[139]。

水力致裂煤层在产生裂缝的同时,压力水向裂缝两侧渗透,孔隙压力水与孔隙裂隙内的游离瓦斯接触,引起裂缝围岩内孔隙水和瓦斯压力的变化,孔隙压力分布的不均匀会产生孔隙压力梯度。根据孔隙介质二相驱替的基本理论,含瓦斯煤层水力致裂过程中,游离态瓦斯由孔隙(瓦斯)压力高的位置向孔隙(瓦斯)压力低的位置运移,我们称之为瓦斯驱赶理论(现象)。

3.2.2　水力致裂的瓦斯增透机制

煤层与其顶底板的物理力学特性差异较大。煤层具有割理、微裂隙和孔隙构成的空间结构网络。空间结构的连通性及裂隙的张开度等影响煤层的渗透率。煤层的渗透性对煤和瓦斯构成的耦合系统的稳定性起着不可忽视的作用。地应力是导致煤层渗透性降低的决定性因素。水力致裂煤层时,固液耦合和渗透水压力作用使煤体结构实现改造,煤层空间结构的连通性增强,裂隙张开度增大,进而使煤层的渗透性改善。

含瓦斯煤层中,孔隙、微裂隙表面吸附着 90% 以上的瓦斯。煤矿井下煤层瓦斯的解吸一般是一个变压解吸过程,其解吸路径为:孔隙、微裂隙表面吸附的瓦斯解吸为游离瓦斯,扩散至较大孔隙中继续渗流。瓦斯的吸附解吸是互为条件转化的。当原岩应力场和原始瓦斯压力场的平衡被打破时,会形成应力重新分布和瓦斯流动。当煤层应力增大至一定值时煤层瓦斯会出现超临界状态,煤层的水分、温度等对瓦斯吸附解吸及超临界状态有一定的影响。

在石油行业中对注水驱油进行了较多的研究,目前对 CO_2 驱油也开始了研究。CO_2 的地质封存中也涉及气水两相驱替的问题。传统水 – 气两相驱替问题的研究均是将气饱和度为零的位置上的质点所组成的面作为两相渗流和气体单相渗流界面,即水渗流的前沿。两相驱替问题的研究实质是动界面问题的研究,认为渗流和吸渗作用是水 – 气两相驱替的根本原因,没有考虑孔隙压力梯度对水 – 气两相驱替的影响。瓦斯的吸附解吸效应使得煤层水力致裂驱赶显著区别于常规的水 – 气两相驱替问题。

含瓦斯煤层水力致裂过程中高压水沿水压裂缝进入煤体割理 – 微裂隙 – 孔隙组成的通道系统,使割理、孔隙水压力升高,通道系统内原有的力学平衡被打破,应力重新分布。

在水渗流的前端孔隙水会克服通道壁的阻力在通道中前移,引起水渗流的前端一定范围内瓦斯气体被压缩,瓦斯压力升高。局部的瓦斯压力升高引起的通道压力差会使瓦斯运移。在水渗流前端沿孔隙水运移方向形成由高到低的孔隙压力梯度分布。瓦斯压力梯度的产生是驱动瓦斯的直接原因,启动瓦斯压力梯度由煤的渗透性和应力等决定。

以图 3-1[140] 所示的典型水力致裂过程的特征点来说明钻孔周围煤体的孔隙瓦斯压力分布及其演变规律(图 3-2[141])。

在施工钻孔前煤层内的瓦斯压力是均匀分布的;施工钻孔后,由于钻孔卸压和导气作用,钻孔附近煤体的孔隙瓦斯压力有所降低,其分布如图 3-2 中的 A 曲线。钻孔内水压力上升后,由于压力水向孔壁周围煤体渗透及渗流的时间效应,孔壁周围煤体内瓦斯压力和瓦斯压力梯度均逐渐升高(图 3-2 中 B 曲线)。当钻孔内水压力达到钻孔的初始破裂压力时,孔壁周围煤体内瓦斯压力和瓦斯压力梯度均进一步升高,且瓦斯压力变化的影响范围增大(图 3-2 中 C 曲线)。

此后水压力出现波动且整体逐渐升高,当达到失稳扩展水压力时,孔壁周围煤体内瓦斯压力进一步升高,且影响范围继续增大(图 3-2 中

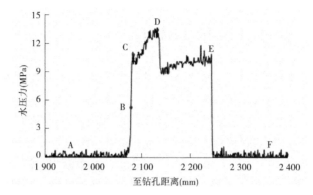

图 3-1　典型水力致裂过程的特征点选取

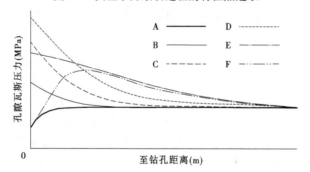

图 3-2　水力致裂过程围岩孔隙瓦斯压力分布

D 曲线)。水压力大幅度降低之后逐渐趋于稳定,导致孔壁附近煤体内的孔隙压力相对有所降低;随时间的延长,水向周围煤体渗透越充分,离钻孔较远地方的孔隙瓦斯压力继续升高,影响范围继续增大(图 3-2 中 E 曲线)。

　　水力致裂结束后,钻孔水压的急剧降低,导致钻孔附近煤体的孔隙瓦斯压力也急剧降低,而钻孔较远处的孔隙瓦斯压力还来不及降低,使得钻孔附近出现较大的反向孔隙压力梯度;随钻孔距离的增大,孔隙压力呈先增大后降低的分布趋势(图 3-2 中 F 曲线)。煤层中瓦斯在瓦斯压力梯度的作用下运移,钻孔内涌出大量高浓度的瓦斯。

3.3　水力致裂煤体损伤方程

在高压水的冲击作用下,煤岩体势必会在冲击区的某一深处产生剪应力,冲击接触区边界周围的围岩产生拉应力。众所周知,岩石的抗拉强度远小于其抗压强度,抗剪强度往往也不到其抗压强度的 $1/2$,故水力致裂煤体仍以拉伸破坏和剪切破坏为主。在水射流作用下,裂隙尖端产生拉应力集中并迅速发展和扩大,致使岩石破碎。同时,水射流还会导致在煤岩体中产生大量的微观裂隙,这些微观裂隙对岩体的强度和失效的特性有明显的影响。在水射流连续不断地打击作用下,岩体内部以及延伸到表面的裂隙数量会逐渐增加,这些裂隙的生成与扩展,最终导致岩体局部的破坏,实现对岩体的切割。

3.3.1　水力致裂条件下煤体非均质连续损伤模型

对于岩石等脆性材料已建立了不少损伤本构模型,如 Mazars 模型、Loland 模型、Bui 模型和 Frantxikonis 模型等。Kraicinovic 和唐春安等从岩石材料内部所含缺陷分布的随机性出发,将连续损伤理论和统计强度理论有机结合起来,建立了一种简单的统计损伤模型,模型具有形式简单、参数易于获取等特点,为岩石损伤本构模型研究开辟了新的途径。程庆迎[142]基于微元强度理论,将统计损伤模型与鲍埃丁·汤姆模型相结合,提出了一种适合岩石冲击破坏的统计损伤时效模型,但由于涉及的参数较多,具体实现困难。而且上述模型只适用于单轴拉伸条件。付江伟[143]从岩石微元强度分布的随机性出发,建立了基于Drucker-Prager 准则的三维岩石损伤演化方程和岩石软化本构方程,但方程参数的求解只适合低围压条件,而且参数求解较为麻烦。本章从非均质煤岩体微元强度分布的随机性出发,引入基于 Mohr-Coulumb 准则的微元强度分布参量,建立了煤岩体损伤变量演化方程和统计本构模型,可用任意三轴条件下的试验数据对模型中参数进行求解,提出了较为简洁的模型参数极值求解方法,得出了模型参数的数学算式,便于实际应用。

设岩体微元强度服从 Weibull 分布,其概率密度为:

$$P(\alpha) = \frac{m}{\alpha_0}\left(\frac{\alpha}{\alpha_0}\right)^{m-1}\exp\left[-\left(\frac{\alpha}{\alpha_0}\right)^m\right] \tag{3-1}$$

式中　m、α、α_0——表征岩体强度的参数;

　　　$P(\alpha)$——岩体微元强度分布函数。

岩体的损伤是由微元体的不断破坏引起的,设在某一级载荷作用下已破坏的微元体数目为 N_f,定义统计损伤变量为已破坏的微元体数目与总微元体数目 N 之比,即 $D = \dfrac{N_f}{N}$,这样在任意区间 $[\alpha, \alpha + \mathrm{d}\alpha]$ 内,已破坏的微元数目为 $NP(\alpha)\mathrm{d}\alpha$,当加载到某一水平 α 时,已破坏的微元数目为:

$$N_f(\alpha) = \int_0^\alpha NP(y)\mathrm{d}y = N\left\{1 - \exp\left[-\left(\frac{\alpha}{\alpha_0}\right)^m\right]\right\} \tag{3-2}$$

这样,损伤变量 D 可用式(3-3)进行描述。

$$D = \frac{N_f}{N} = 1 - \exp\left[-\left(\frac{\alpha}{\alpha_0}\right)^m\right] \tag{3-3}$$

这就是非均质岩体损伤变量演化方程。

岩石的强度可以用其破坏准则来表示,即可用通式(3-4)进行描述。

$$\alpha\sigma^* - G = 0 \tag{3-4}$$

若方程式(3-4)右边大于等于 0,则说明材料已经屈服或破坏,因此 $\alpha\sigma^*$ 可以作为岩体微元强度随机分布的变量。

据此,岩体的屈服条件遵循 Mohr-Coulumb 准则可表达为:

$$\frac{1}{2}(\sigma_1^* - \sigma_3^*) - \frac{1}{2}(\sigma_1^* + \sigma_3^*)\sin\varphi - G = 0 \tag{3-5}$$

设

$$\alpha = \alpha(\sigma^*) = \frac{1}{2}(\sigma_1^* - \sigma_3^*) - \frac{1}{2}(\sigma_1^* + \sigma_3^*)\sin\varphi \tag{3-6}$$

则可得到损伤煤体的损伤演化方程,如式(3-7)所示。

$$D = 1 - \exp\left\{-\left[\frac{(\sigma_1^* - \sigma_3^*) + (\sigma_1^* + \sigma_3^*)\sin\varphi}{2\alpha_0}\right]^m\right\} \tag{3-7}$$

式中:$G = c\cos\varphi$,c、φ 分别表示煤岩体的黏聚力和内摩擦角;σ_i^* 为有效主应力,$i = 1,2,3$。

如果进一步假定破坏前的煤岩体基本服从虎克定律,则其本构关系可表示为:

$$\sigma_{ij} = \sigma_{ij}^*(1 - D\delta_{ij}) = \frac{E(1 - D\delta_{ij})}{1 + \nu}\left(\frac{\nu}{1 - 2\nu}\delta_{ij}\varepsilon_{kk} + \varepsilon_{ij}\right) \quad (3\text{-}8)$$

式中:E 为弹性模量;ν 为泊松比;$i,j,k = 1,2,3$。

3.3.2　水力致裂条件下煤岩的非均质破坏准则

前文的研究虽然建立了水压致裂条件下煤岩非均质连续损伤模型,但破坏准则还是采用了常规的 Mohr-Coulumb 准则。为了更准确地描述煤岩体的损伤,在此进一步对水压致裂条件下煤岩体的非均质破坏准则进行研究。

水射流冲击破岩的特点,是以高速流动的水介质的动压力作用于岩体。水介质不仅能给岩体施以冲击压力,还能将破坏后的岩体颗粒带走。由此可以判断,如果岩体中存在一个由高强度单元构成的岩块,其周围单元已被水射流破碎,则该岩块处于游离状态,一定会被水介质带走,被视为岩块中的所有单元均被破坏。

p_f 为某岩体中破坏单元与该岩体中所有单元的数量比,那么结合愈渗理论可知,当破坏单元的数量超过一定数值,其与所有单元的比值超过某一确定值 P_f 后,就可分析认为这部分岩体中其他非破坏单元是游离的。这样,岩体在水射流作用下的破坏准则可用式(3-9)表述:

$$p_f \geqslant P_f \quad (3\text{-}9)$$

设 R_c 为岩体的平均抗压强度,由 Weibull 分布函数得到,岩体中抗压强度的统计分布函数为:

$$P(R_c) = \frac{m}{R_{c0}}\left(\frac{R_c}{R_{c0}}\right)^{m-1}\exp\left[-\left(\frac{R_c}{R_{c0}}\right)^m\right] \quad (3\text{-}10)$$

对上式进行积分,可得:

$$Q(R_c) = 1 - \exp\left[-\left(\frac{R_c}{R_{c0}}\right)^m\right] \quad (3\text{-}11)$$

$Q(R_c)$ 表示服从 Weibull 分布的岩体单元中,强度低于 R_c 的单元百分比。

令

$$Q(R_c) = P_f \qquad (3\text{-}12)$$

式中,P_f 为愈渗理论值。

对式(3-11)和式(3-12)进行联立求解,有

$$R_c = R_{c0} \left(\ln \frac{1}{1 - P_f} \right)^m \qquad (3\text{-}13)$$

可见,当水射流的冲击压力大于 R_c 时,即岩体中的破坏单元超过确定阈值以后,岩体将被破坏;反之,岩体不会被破坏。因此,R_c 为水射流冲击破岩的门槛压力 P_j,即

$$P_j = R_{c0} \left(\ln \frac{1}{1 - P_f} \right)^m \qquad (3\text{-}14)$$

3.4　水力割缝致裂煤体的数值模拟

前文的 3.2 和 3.3 两节从理论上分别研究了煤体水力致裂的力学行为和损伤特性及增透机制,但由于方程求解的困难,尚不能在工程中直接根据建立的方程来对水力致裂煤体的相关参数进行直接求解。随着数值模拟技术的发展,将流固耦合方程和损伤方程整合到力学有限元方程中并进行计算成为可能,这就为直观地研究水力致裂煤岩体的破坏特性及裂隙扩展规律提供了很好的手段。

下面拟采用 RFPA-Flow 软件对此进行模拟分析。

3.4.1　数值模型构建

以水井头煤矿 3228 工作面的实际工程为背景,建立单孔条件下水力割缝致裂煤体的数值模型。

模型尺寸取 1 000 mm × 1 000 mm;实际工程中钻孔直径为 60 ~ 95 mm,在此取 90 mm;现场采用湖南省煤炭科学研究院研制的水力割缝设备,其喷嘴直径为 3 ~ 4 mm,在此处取 4 mm。

建立的几何模型如图 3-3 所示。根据图 3-3 建立的细观有限元模

型如图3-4所示。

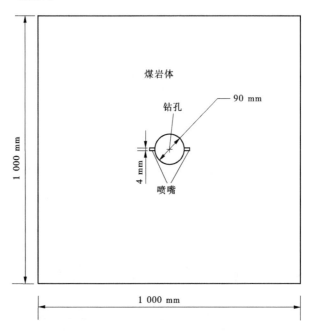

图3-3 数值计算几何模型

图3-4所示的数值模型,具体设置为:

(1)有限元单元数为200×200;

(2)根据工程实际情况,上部压力均布荷载为11.5 MPa,围压相同,也取11.5 MPa;

(3)材料模型服从 Mohr-Coulumb 准则,煤岩体微元强度服从Weibull分布;

(4)初始水头取0,按每步增量为20 m水头(0.2 MPa水压力)进行逐步计算,直至煤岩体中产生大量的裂隙为止;

(5)当工作开始时,假设从0时刻起,钻孔中就马上充满水,整个钻孔壁均受到动水压力的作用,只是在喷嘴处水压力更为集中。

煤岩体的物理力学参数如表3-1所示。

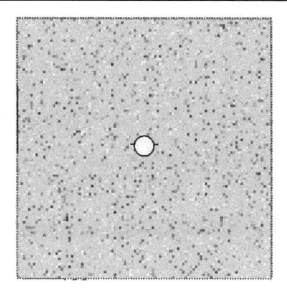

图 3-4　数值计算细观有限元模型

表 3-1　煤岩体的物理力学参数

名称	密度（kg/m³）	弹性模量（GPa）	抗压强度（MPa）	抗拉强度（MPa）	黏聚力（MPa）	内摩擦角（°）	泊松比
煤层	1 400	2.95	7.3	0.6	2.05	32	0.2

3.4.2　数值模拟结果分析

3.4.2.1　煤岩体的破坏和裂隙扩展过程

水压作用下煤岩体的破坏和裂隙扩展过程如图 3-5 所示。

由图 3-5 可得如下的结论：

（1）当水压力小于 6.8 MPa 时，煤岩体中没有可见的裂隙出现，可以认为此时煤岩体还没有出现宏观损伤，仍处在微裂隙的发育阶段。

（2）当水压力为 6.8 MPa 时，此时有宏观可见的裂隙出现，可以认为此时煤岩体开始发生破坏，且破坏出现在喷嘴处。

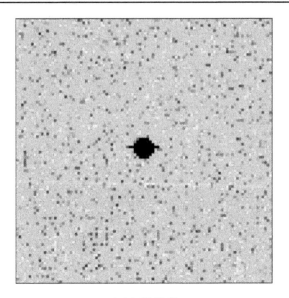

（a）初始状态

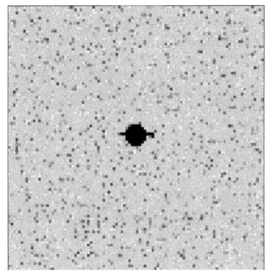

（b）6.8 MPa

图 3-5　煤岩体的破坏和裂隙扩展过程

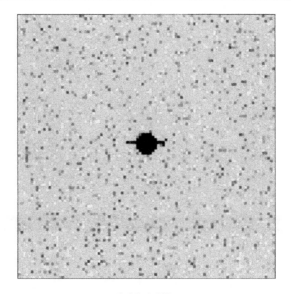

(c)7.2 MPa

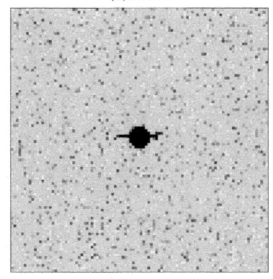

(d)7.6 MPa

续图 3-5

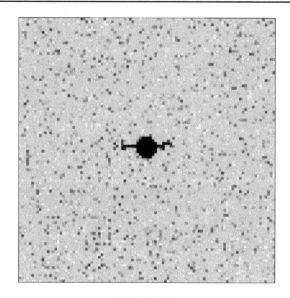

(e)8. 0 MPa

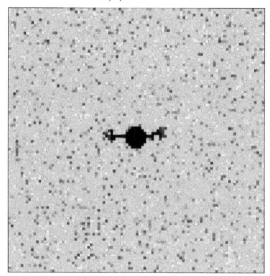

(f)8. 6 MPa

续图 3-5

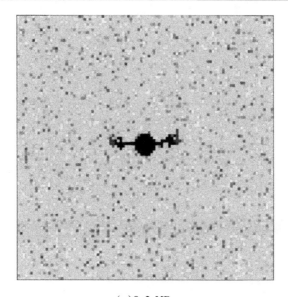

(g)9.2 MPa

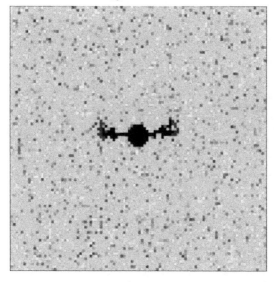

(h)9.6 MPa

续图 3-5

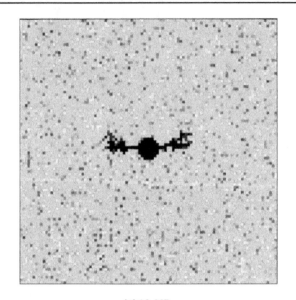

(i)10 MPa

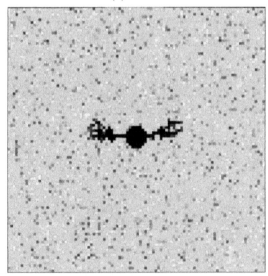

(j)10.6 MPa

续图 3-5

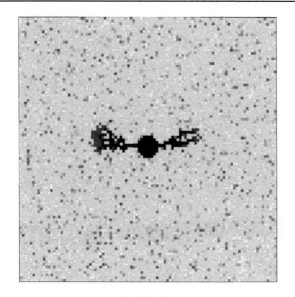

(k)11 MPa

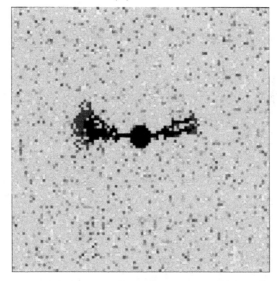

(l)11.4 MPa

续图 3-5

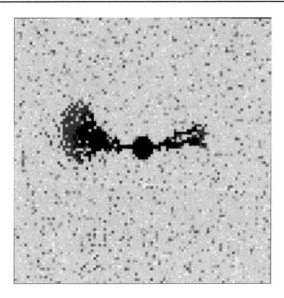

(m)11.8 MPa

续图 3-5

（3）随着水压力的增大，裂隙也随之增大和增多，这与实际情况相符。

（4）当水压力达到 9.6 MPa 时，在裂隙的尖端出现了分叉，说明裂隙开始从一维向二维乃至三维发展。此时煤岩体中的裂隙数量明显增加，这将大大改善煤岩体的渗透性，说明水力割缝致裂煤体确实有利于增加煤岩体的渗透性，有利于瓦斯的流动和抽采。

3.4.2.2 应力场变化规律分析

在水压力的作用下，煤岩体原岩应力场必然会受到扰动而产生变化，为了对此应力场的变化过程和规律进行分析，对在水力割缝致裂煤岩体过程中岩体中的最大主应力的变化进行分析，如图 3-6 所示。

由图 3-6 可得到如下的结论：

（1）数值模拟过程显示，在全部的分析过程中，原岩应力场都会因动水压力的作用而发生重分布。很显然，这种扰动作用与距离存在关联，即离钻孔越近，则原岩应力场受扰动的现象就越明显。

（2）随着水压力的增大，原岩应力场受到的扰动影响也增大。

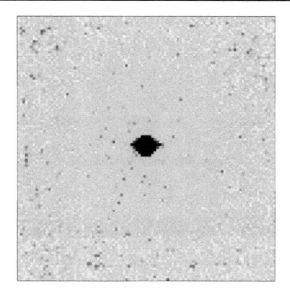

(a)初始状态

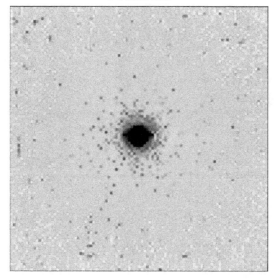

(b)3.0 MPa

图 3-6　最大主应力的变化过程

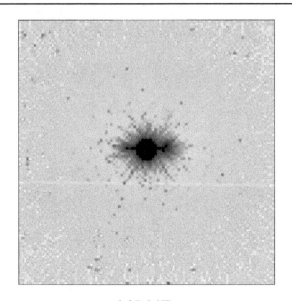

(c)7. 2 MPa

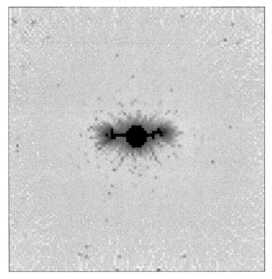

(d)8. 0 MPa

续图 3-6

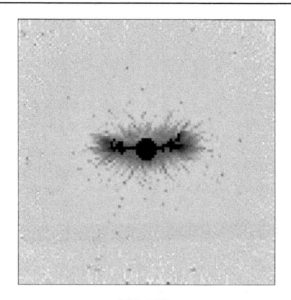

(e)9.6 MPa

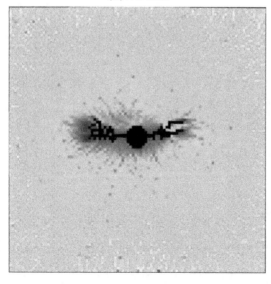

(f)11.0 MPa

续图 3-6

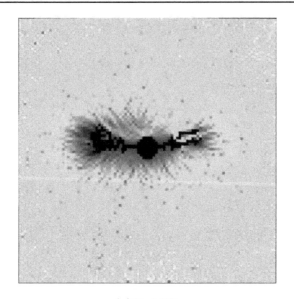

(g)11.4 MPa

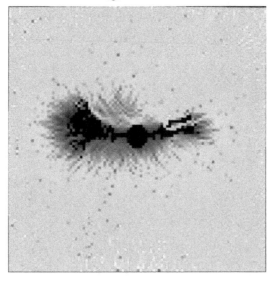

(h)11.8 MPa

续图3-6

　　(3)在水压致裂煤岩体的过程中,最大主应力随水压力的增大而增大,这也可以反映应力场受扰特征。

　　(4)与其他扰动不同的是,在水压力作用下,以钻孔为中心,应力场表现出显著的放射性特征,这是流固耦合过程中水压力变化的直接体现。

　　(5)从最大主应力值的变化来看,在钻孔附近,最大主应力逐渐从正值变为负值,尤其是在煤岩体发生破坏时,这种变化更为明显。这说明煤岩体的破坏虽然有压破坏也有拉破坏,但在水压致裂时以受拉破坏为主。

3.4.2.3　孔隙水压力变化规律

　　水力割缝致裂煤岩体实质是以水为介质传递能量使得岩体发生破坏,在此过程中必然会有孔隙水压力的变化,因此有必要对水压致裂过程中孔隙水压力的变化规律进行考察。孔隙水压力的变化过程如图 3-7所示。

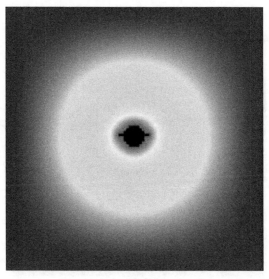

(a)初始状态

图 3-7　孔隙水压力变化过程

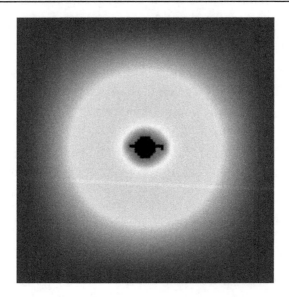

(b)6.8 MPa

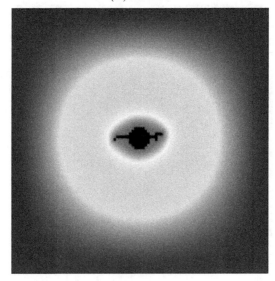

(c)8.0 MPa

续图 3-7

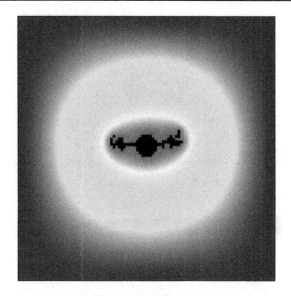

(d)9.6 MPa

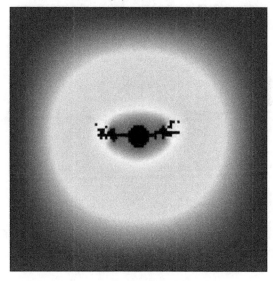

(e)10.0 MPa

续图 3-7

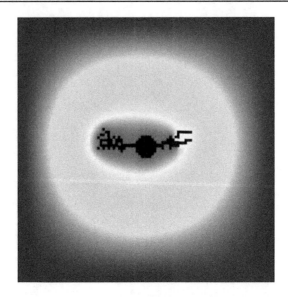

(f)11.0 MPa

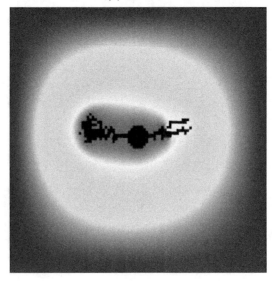

(g)11.4 MPa

续图 3-7

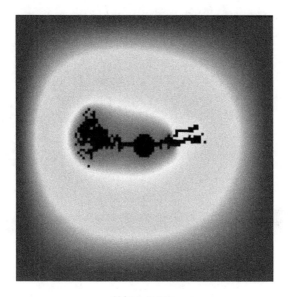

(h)11.8 MPa

续图 3-7

由图 3-7 可得到如下的结论:

(1)在水压力作用下,孔隙水压力表现出明显的以钻孔为中心的环状特征,且孔隙水压力从钻孔向外逐渐减小。

(2)在水压致裂过程中,随着水压力的增大,孔隙水压力也随之增加,这表明孔隙水压力实际主要来源于注水压力。

(3)总体而言,孔隙水压力的环状结构随着煤岩体中裂隙的发展而发展,从初始状态的正圆向以孔隙发育方向为长轴的不规则椭圆转变,这直接反映了注入钻孔的高压水通过裂隙流动的特征。

3.5　本章小结

(1)根据煤与瓦斯的流固力学特性,对水力致裂煤体的瓦斯驱赶效应和增透机制进行了分析总结。

(2)在传统损伤力学的基础上,根据煤岩体的特点及高压水的力学作用,建立了煤岩体的水压致裂非均匀损伤模型,并进一步探讨了非均匀损伤破坏准则。

(3)在建立细观有限元数值模型的基础上,通过对裂隙发育扩展变化、应力场的扰动特征及孔隙水压力的变化特征,研究了水力割缝致裂煤岩体的破坏过程和裂隙发育演化规律。

第 4 章　水力疏松致裂煤体实施过程数值模拟研究

4.1　引　言

如前所述,就低渗透高瓦斯煤层而言,提高煤层的增透性就能提高煤层瓦斯的渗透率,从而提高煤层瓦斯的抽放效果,大幅度释放煤层瓦斯,对实现煤层开采时的防突具有非常重要的作用。水力化措施的一个主要目的就是通过一定的水压对煤岩体施加动态载荷,诱导煤层中产生裂隙或者使原有裂隙进一步扩展,并在动水的作用下提高煤层的增透性,实现煤层的疏松和瓦斯的驱赶。

第 3 章的分析表明,在高压水注入煤体后,控制煤体内部的裂纹扩展及其破坏形态以及裂隙的分布范围对水力化措施的实施效果有决定性的影响。但是,就水力疏松而言,要控制裂隙扩展只能通过控制水力致裂裂缝发育过程中的水压力以及流量控制参数,而在目前的研究中,对水力疏松软化煤岩体的效果与各因素的关系仍缺少了解,因此有必要对此加以研究。

本章在讨论水力疏松增透机制的基础上,仍根据水井头煤矿 3228 工作面应用水力疏松措施的工程实际,利用 ANSYS 有限元软件,对不同注水压力和不同注水孔径时水力疏松过程开展数值模拟研究,以期对类似问题的研究提供参考。

4.2　数值模型构建

4.2.1　有限元模型

建立的数值模型如图4-1所示。

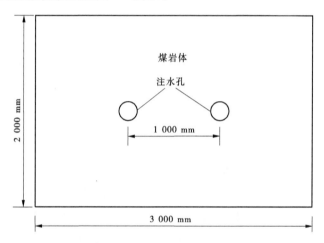

（a）数值模拟几何模型

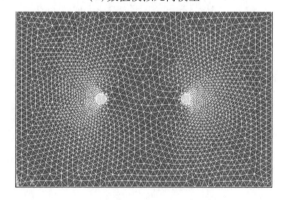

（b）数值模拟有限元模型

图4-1　数值模型

对图 4-1 的数值模型,做出如下的假设:

(1)根据水井头煤矿工作面的工程实际,埋深取 450 m,通过在模型上部添加均布垂直载荷实现,垂直载荷为 11.5 MPa;

(2)根据工程实际情况,水力疏松时钻孔的直径一般为 40 ~ 60 mm,水压力一般在 10 ~ 20 MPa;

(3)侧压力系数假定为 1,亦即侧向的水平载荷也为 11.5 MPa;

(4)底部添加位移约束。

煤岩体采用弹塑性模型,岩体的屈服准则采用 D – P 准则,煤岩体的力学参数见表 3-1。

为了建模方便,不建立实际的高压水模型,水压力通过在孔内壁添加动态载荷的形式实现。

4.2.2　数值模拟方案

为了考察孔径和水压力对煤岩体致裂的影响,按不同孔径和注水载荷建立如表 4-1 所示的数值模拟方案。

表 4-1　数值模拟方案

孔径(mm)	注水载荷(MPa)			
	20	15(16.5)	10	5
60	方案Ⅰ-1	方案Ⅰ-2	方案Ⅰ-3	方案Ⅰ-4
50	方案Ⅱ-1	方案Ⅱ-2	方案Ⅱ-3	方案Ⅱ-4
40	方案Ⅲ-1	方案Ⅲ-2	方案Ⅲ-3	方案Ⅲ-4

4.3　数值模拟结果分析

数值模拟结果按不同方案分析如下。为分析方便,以孔径的不同将结果整体分为 3 组。

4.3.1　注水孔直径为 60 mm 的模拟

(1)方案Ⅰ-1。

注水孔直径为 60 mm, 注水载荷为 20 MPa 时的煤岩体的塑性应变模拟如图 4-2 所示。

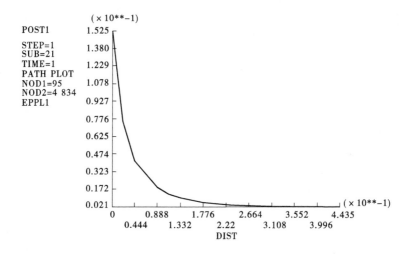

（a）第一主应力方向塑性应变

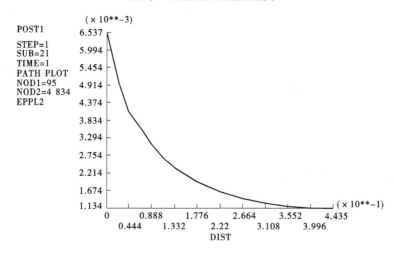

（b）第二主应力方向塑性应变

图 4-2　孔径 60 mm、注水载荷 20 MPa 的模拟

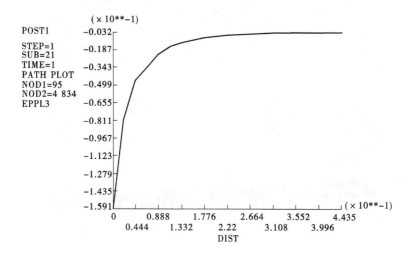

（c）第三主应力方向塑性应变

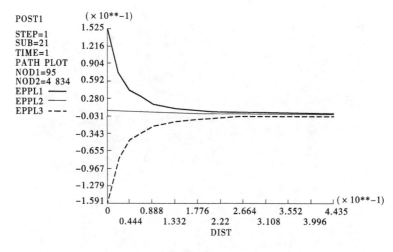

（d）应变对比

续图 4-2

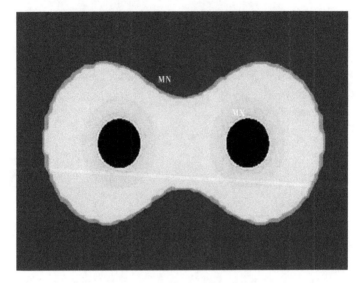

（e）等效塑性应力

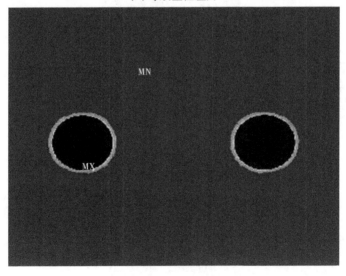

（f）第一主应力方向塑性应变

续图 4-2

(g)第二主应力方向塑性应变

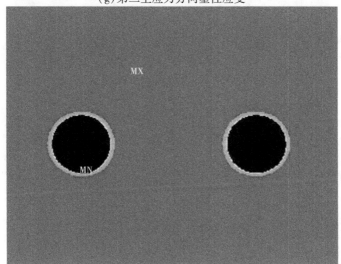

(h)第三主应力方向塑性应变

续图 4-2

(2)方案Ⅰ-2。

注水孔直径为 60 mm,注水载荷为 15 MPa 时的煤岩体的塑性应变模拟如图 4-3 所示。

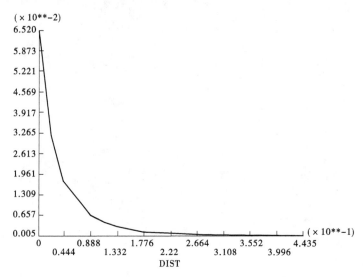

（a）第一主应力方向塑性应变

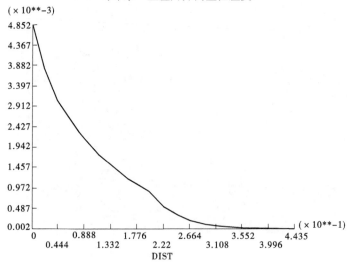

（b）第二主应力方向塑性应变

图 4-3　孔径 60 mm、注水载荷 15 MPa 的模拟

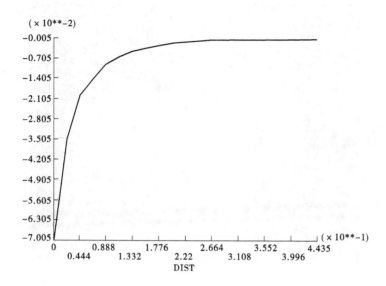

（c）第三主应力方向塑性应变

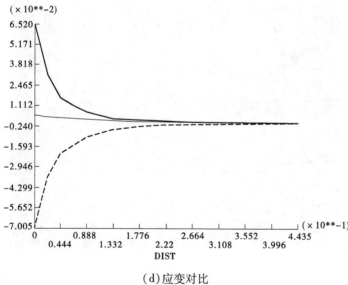

（d）应变对比

续图 4-3

(e)等效塑性应力

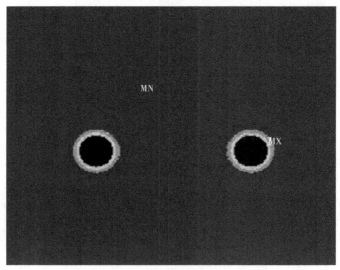

(f)第一主应力方向塑性应变

续图 4-3

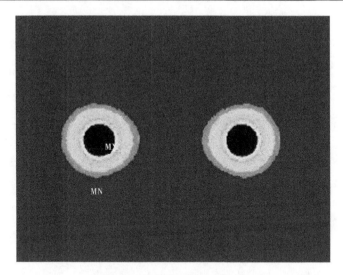

（g）第二主应力方向塑性应变

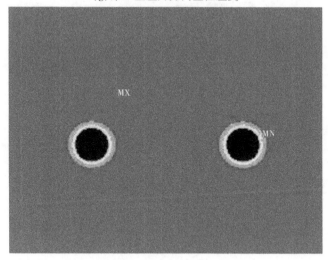

（h）第三主应力方向塑性应变

续图 4-3

　　由图 4-3 可知,注水载荷为 15 MPa 时,两孔之间形成的塑性区相互贯通,可认为双孔注水载荷达到 15 MPa 时,两孔之间形成的裂隙贯通。

(3)方案Ⅰ-3。

注水孔直径为 60 mm,注水载荷为 10 MPa 时的煤岩体的塑性应变模拟如图 4-4 所示。

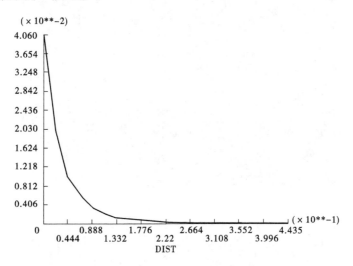

(a)第一主应力方向塑性应变

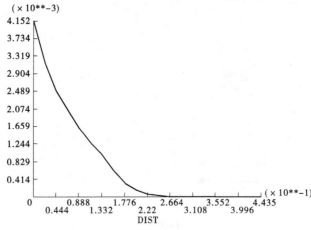

(b)第二主应力方向塑性应变

图 4-4　孔径 60 mm、注水载荷 10 MPa 的模拟

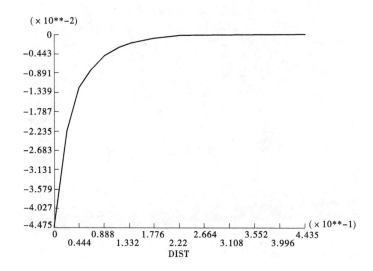

（c）第三主应力方向塑性应变

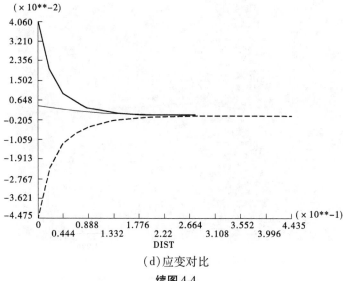

（d）应变对比

续图 4-4

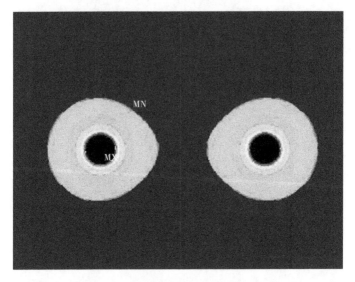

(e)等效塑性应力

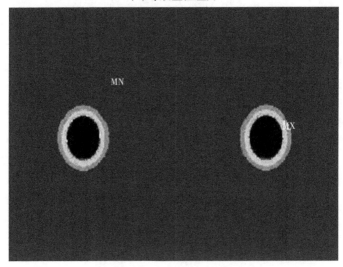

(f)第一主应力方向塑性应变

续图 4-4

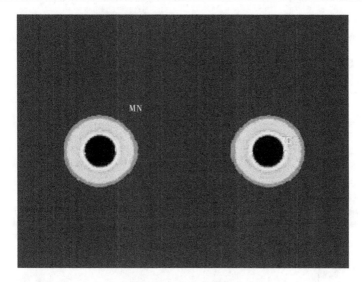

(g)第二主应力方向塑性应变

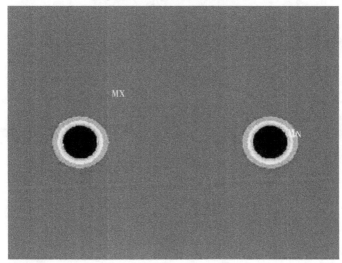

(h)第三主应力方向塑性应变

续图 4-4

（4）方案 I -4。

注水孔直径为 60 mm，注水载荷为 5 MPa 时的煤岩体的塑性应变模拟如图 4-5 所示。

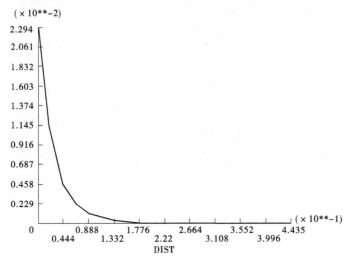

（a）第一主应力方向塑性应变

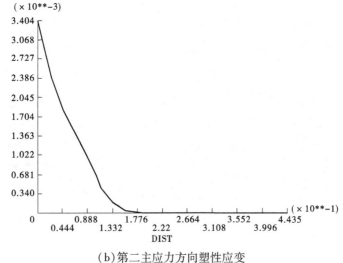

（b）第二主应力方向塑性应变

图 4-5 孔径 60 mm、注水载荷 5 MPa 的模拟

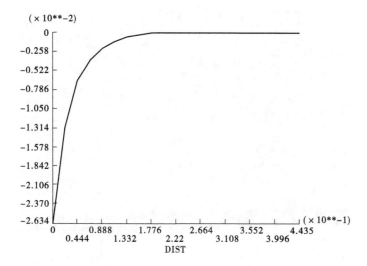

（c）第三主应力方向塑性应变

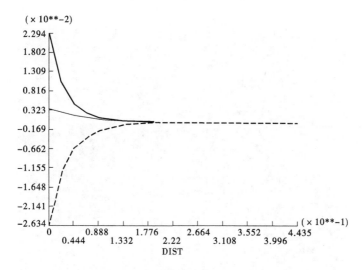

（d）应变对比

续图 4-5

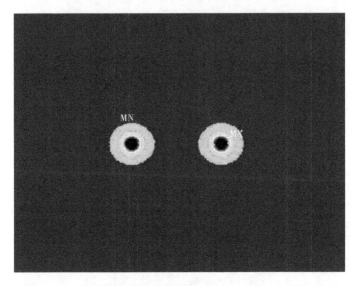

(e)等效塑性应力

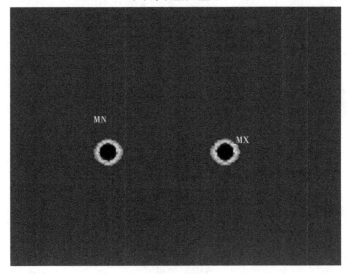

(f)第一主应力方向塑性应变

续图 4-5

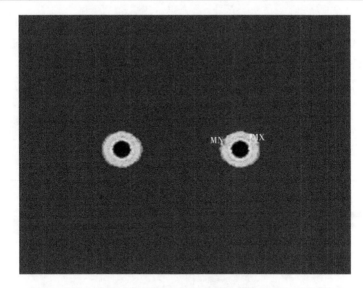

（g）第二主应力方向塑性应变

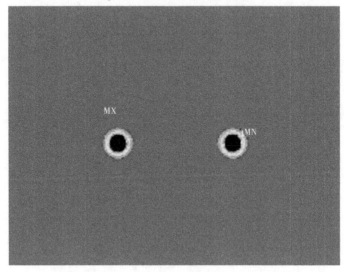

（h）第三主应力方向塑性应变

续图 4-5

由上述图 4-2 ~ 图 4-5 可得到如下的结论：

（1）注水载荷为 15 MPa 时，两孔之间形成的塑性区相互贯通，可认为双孔注水载荷达到 15 MPa 时，两孔之间形成的裂隙贯通。

（2）记注水压力孔影响半径为 R，注水孔直径为 φ，注水压力引起的塑性宽度为 D，则注水压力影响半径：$R = \varphi/2 + D$。

塑性区产生后，直到裂隙贯通，注水载荷与影响半径之间的关系见表 4-2 和图 4-6。

表 4-2　注水载荷与影响半径之间的关系

注水载荷（MPa）	影响半径（m）
5	0.256 5
10	0.345
15	0.500
20	0.643

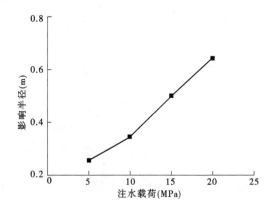

图 4-6　注水载荷与影响半径之间的关系

由表 4-2 和图 4-6 可知，当注水载荷增大时，注水影响半径也随之增大。当注水载荷达到 15 MPa 时，两注水孔的影响区域实质上已经贯通而连成一体；当注水载荷达到 20 MPa 时，两注水孔的影响区域有部分重叠，说明此注水载荷已经超过需要，出现了部分浪费。

故当注水孔直径为 60 mm 时，两注水孔的注水载荷以 15 MPa 为佳。

同时，当按注水孔直径为 60 mm 设计两孔之间的距离或加密注水孔时，均可按表 4-2 的数据进行选取。

4.3.2　注水孔直径为 50 mm 的模拟

（1）方案Ⅱ-1。

注水孔直径为 50 mm，注水载荷为 20 MPa 时的煤岩体的塑性应变模拟如图 4-7 所示。

（2）方案Ⅱ-2。

注水孔直径为 50 mm，注水载荷为 16.5 MPa 时的煤岩体的塑性应变模拟如图 4-8 所示。

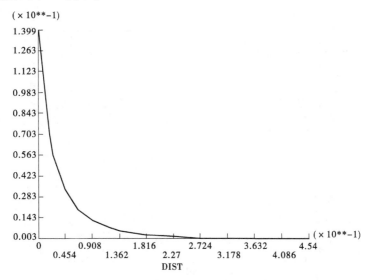

（a）第一主应力方向塑性应变

图 4-7　孔径 50 mm、注水载荷 20 MPa 的模拟

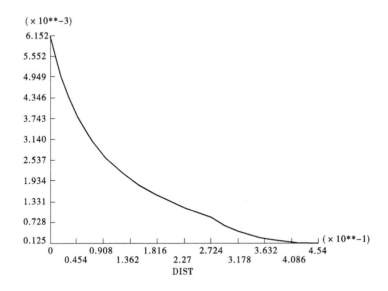

（b）第二主应力方向塑性应变

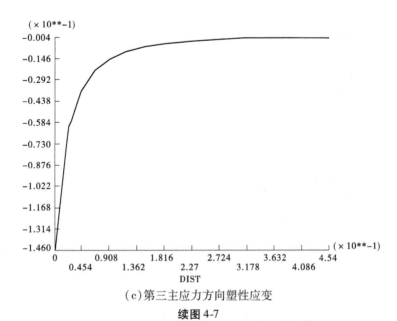

（c）第三主应力方向塑性应变

续图 4-7

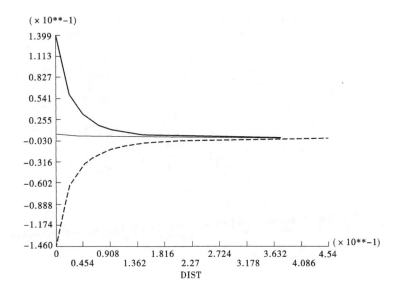

（d）应变对比

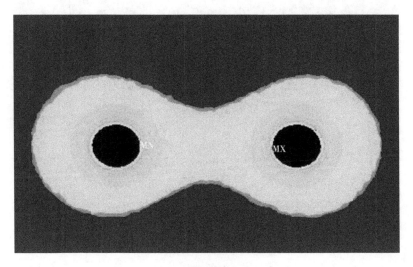

（e）等效塑性应力

续图 4-7

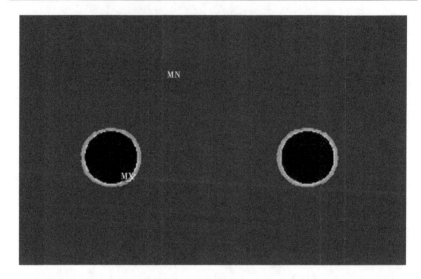

(f)第一主应力方向塑性应变

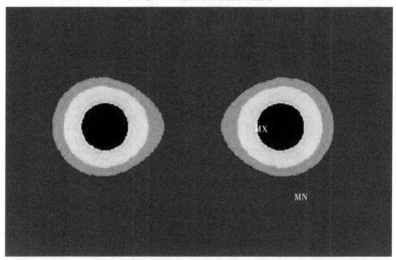

(g)第二主应力方向塑性应变

续图4-7

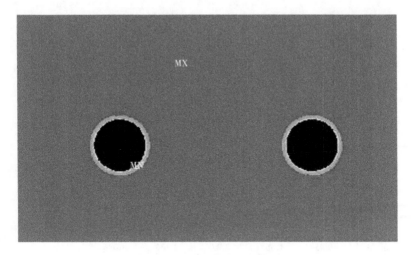

（h）第三主应力方向塑性应变

续图 4-7

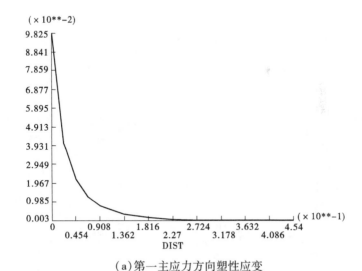

（a）第一主应力方向塑性应变

图 4-8　孔径 50 mm、注水载荷 16.5 MPa 的模拟

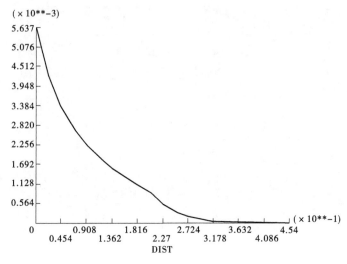

（b）第二主应力方向塑性应变

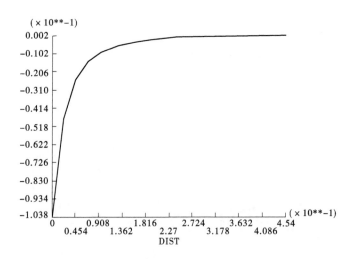

（c）第三主应力方向塑性应变

续图 4-8

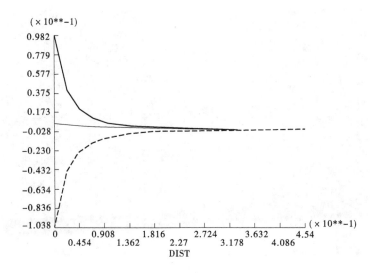

(d)应变对比

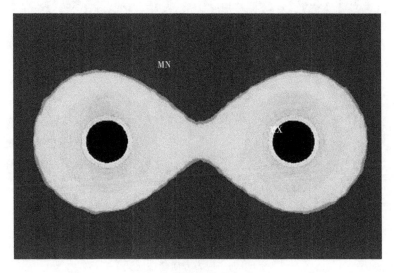

(e)等效塑性应力

续图 4-8

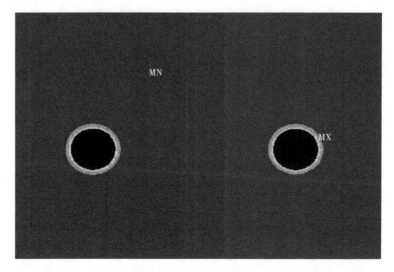

(f)第一主应力方向塑性应变

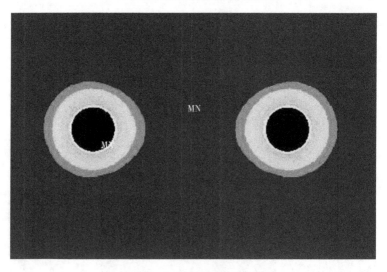

(g)第二主应力方向塑性应变

续图 4-8

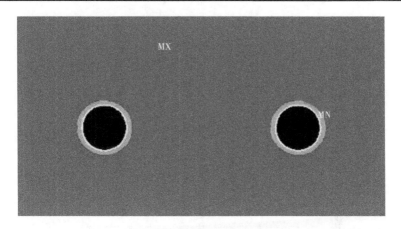

(h)第三主应力方向塑性应变

续图4-8

(3)方案Ⅱ-3。

注水孔直径为 50 mm,注水载荷为 10 MPa 时的煤岩体的塑性应变模拟如图 4-9 所示。

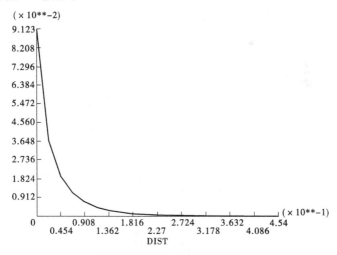

(a)第一主应力方向塑性应变

图4-9　孔径 50 mm、注水载荷 10 MPa 的模拟

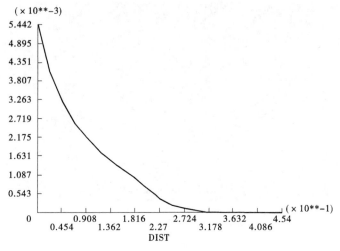

（b）第二主应力方向塑性应变

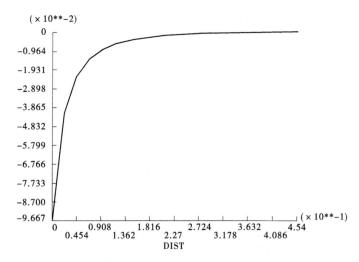

（c）第三主应力方向塑性应变

续图 4-9

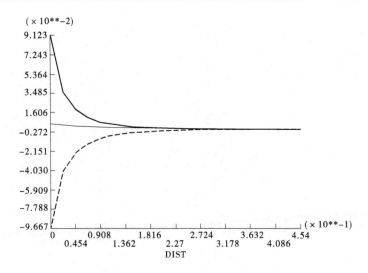

(d)应变对比

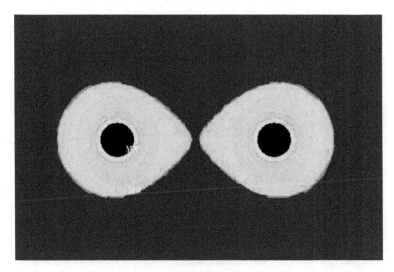

(e)等效塑性应力

续图 4-9

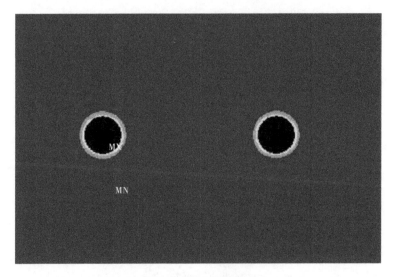

(f)第一主应力方向塑性应变

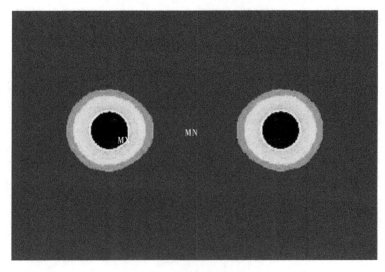

(g)第二主应力方向塑性应变

续图 4-9

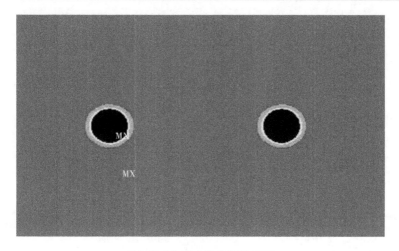

（h）第三主应力方向塑性应变

续图 4-9

（4）方案 Ⅱ－4。

注水孔直径为 50 mm，注水载荷为 5 MPa 时的煤岩体的塑性应变模拟如图 4-10 所示。

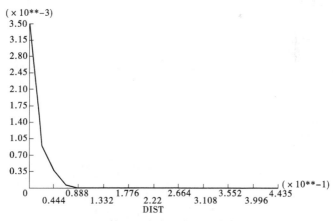

（a）第一主应力方向塑性应变

图 4-10　**孔径** 50 mm、**注水载荷** 5 MPa **的模拟**

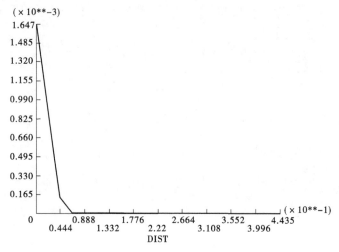

（b）第二主应力方向塑性应变

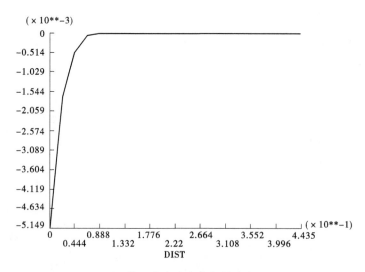

（c）第三主应力方向塑性应变

续图 4-10

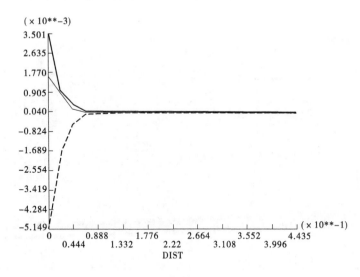

(d)应变对比

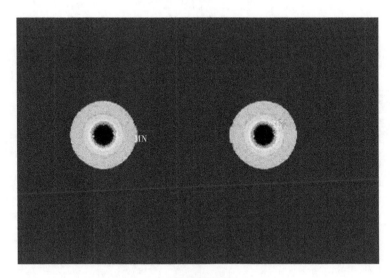

(e)等效塑性应力

续图 4-10

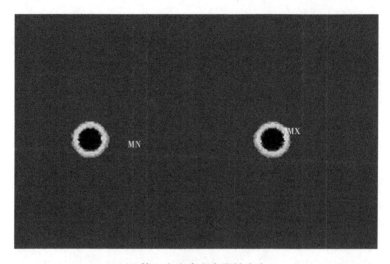

(f)第一主应力方向塑性应变

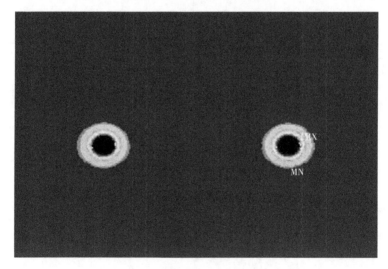

(g)第二主应力方向塑性应变

续图 4-10

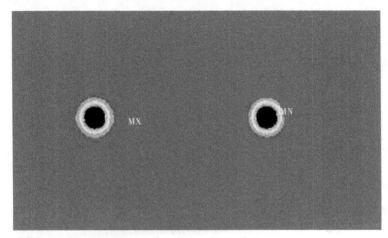

（h）第三主应力方向塑性应变

续图 4-10

对图 4-7～图 4-10 进行分析,可知:

（1）注水载荷为 16.5 MPa 时,两孔之间形成的塑性区相互贯通,可认为双孔注水载荷达到 16.5 MPa 时,两孔之间形成的裂隙贯通。

（2）与注水直径为 60 mm 的情况类似,记注水压力孔影响半径为 R,注水孔直径为 φ,注水压力引起的塑性宽度为 D,则注水压力影响半径:$R = \varphi/2 + D$。

塑性区产生后,直到裂隙贯通,注水载荷与影响半径之间的关系见表 4-3 和图 4-11。

表 4-3　注水载荷与影响半径之间的关系

注水压力（MPa）	影响半径（m）
10	0.204 9
15	0.477 3
16.5	0.500 0

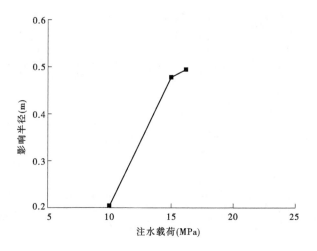

图 4-11　注水载荷与影响半径之间的关系

由表 4-3 和图 4-11 可知,当注水载荷增大时,注水影响半径也随之增大,当注水载荷达到 16.5 MPa 时,两注水孔的影响区域实质上已经贯通而连成一体。

故当注水孔直径为 50 mm 时,两注水孔的注水载荷以 16.5 MPa 为佳。

同时,当按注水孔直径为 50 mm 设计两孔之间的距离或加密注水孔时,均可按表 4-3 的数据进行选取。

4.3.3　注水孔直径为 40 mm 的模拟

(1)方案Ⅲ - 1。

注水孔直径为 40 mm,注水载荷为 20 MPa 时的煤岩体的塑性应变模拟如图 4-12 所示。

(2)方案Ⅲ - 2。

注水孔直径为 40 mm,注水载荷为 15 MPa 时的煤岩体的塑性应变模拟如图 4-13 所示。

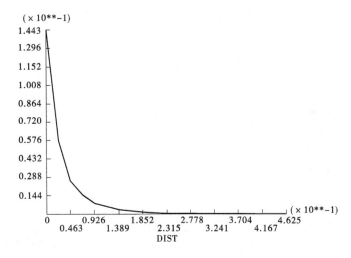

（a）第一主应力方向塑性应变

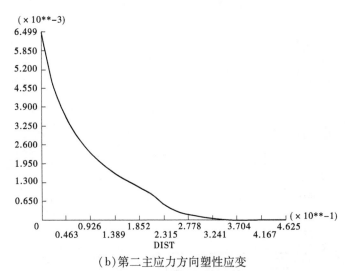

（b）第二主应力方向塑性应变

图 4-12　孔径 40 mm、注水载荷 20 MPa 的模拟

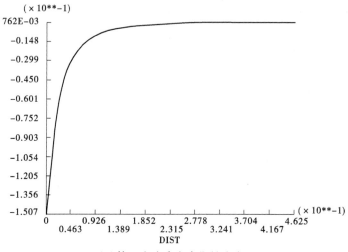

（c）第三主应力方向塑性应变

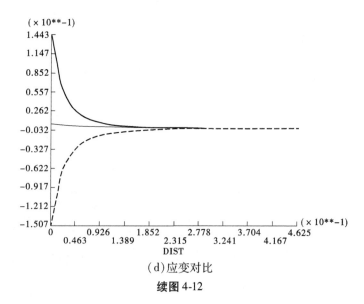

（d）应变对比

续图 4-12

(e)等效塑性应力

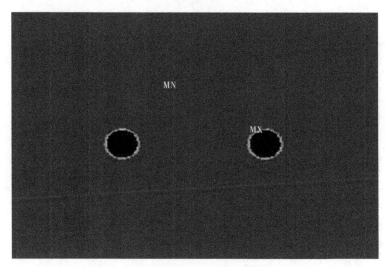

(f)第一主应力方向塑性应变

续图4-12

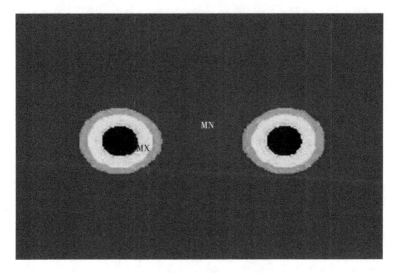

(g)第二主应力方向塑性应变

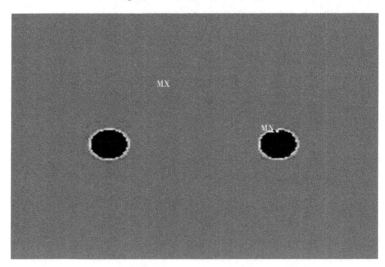

(h)第三主应力方向塑性应变

续图 4-12

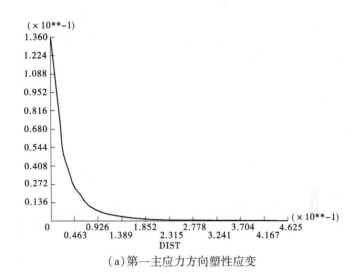

（a）第一主应力方向塑性应变

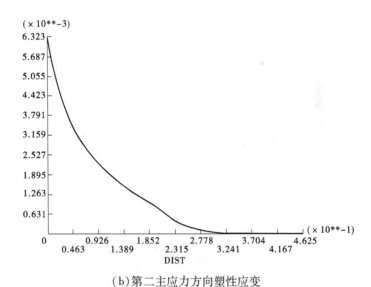

（b）第二主应力方向塑性应变

图 4-13　孔径 40 mm、注水载荷 15 MPa 的模拟

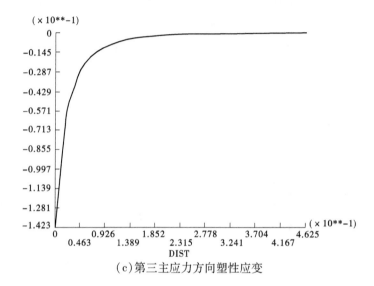

(c)第三主应力方向塑性应变

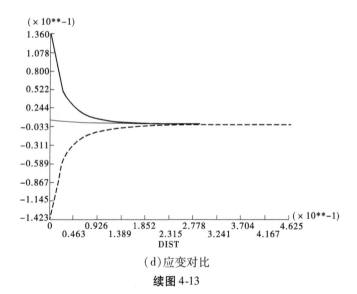

(d)应变对比

续图4-13

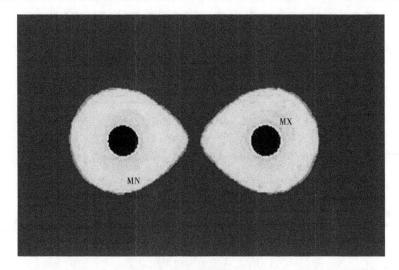

（e）等效塑性应力

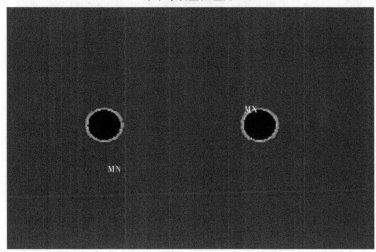

（f）第一主应力方向塑性应变

续图 4-13

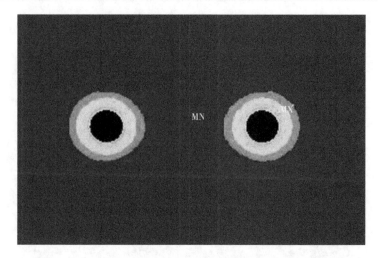

（g）第二主应力方向塑性应变

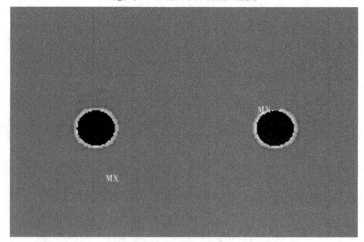

（h）第三主应力方向塑性应变

续图 4-13

（3）方案Ⅲ-3。

注水孔直径为 40 mm，注水载荷为 10 MPa 时的煤岩体的塑性应变模拟如图 4-14 所示。

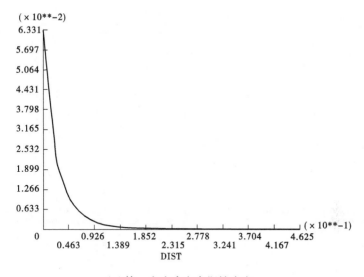

（a）第一主应力方向塑性应变

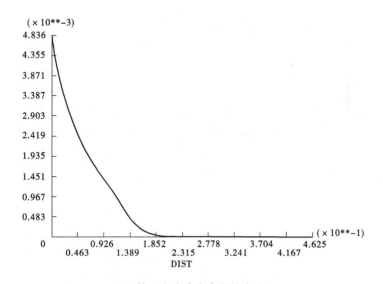

（b）第二主应力方向塑性应变

图 4-14　孔径 40 mm、注水载荷 10 MPa 的模拟

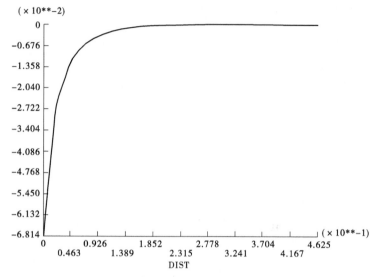

（c）第三主应力方向塑性应变

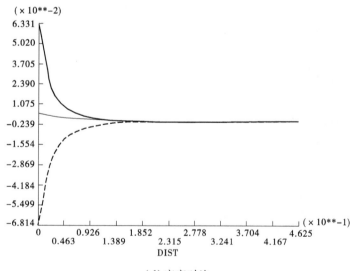

（d）应变对比

续图 4-14

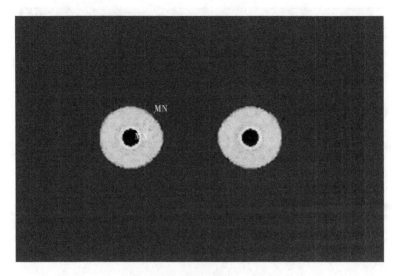

(e)等效塑性应力

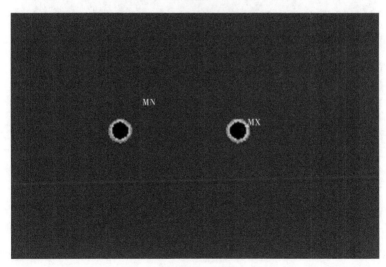

(f)第一主应力方向塑性应变

续图4-14

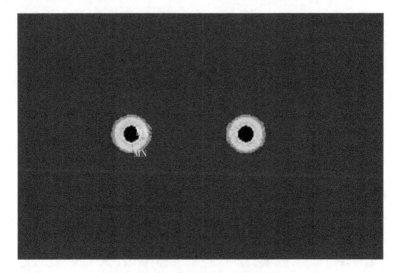

（g）第二主应力方向塑性应变

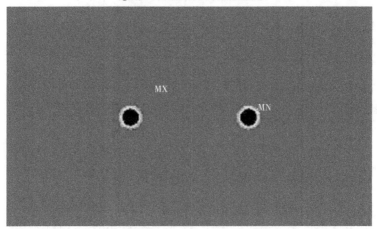

（h）第三主应力方向塑性应变

续图 4-14

（4）方案Ⅲ－4。

注水孔直径为 40 mm，注水载荷为 5 MPa 时的煤岩体的塑性应变模拟如图 4-15 所示。

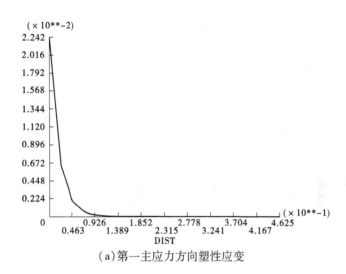

（a）第一主应力方向塑性应变

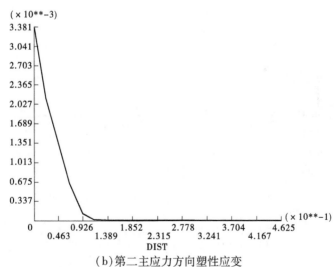

（b）第二主应力方向塑性应变

图 4-15 孔径 40 mm、注水载荷 5 MPa 的模拟

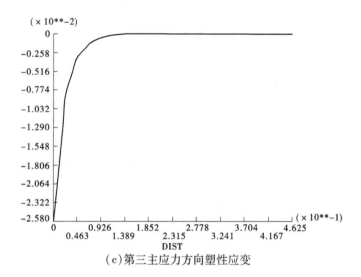

（c）第三主应力方向塑性应变

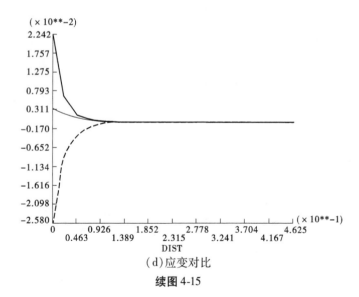

（d）应变对比

续图 4-15

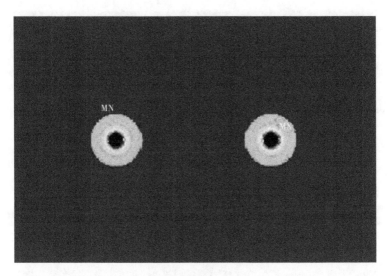

(e)等效塑性应力

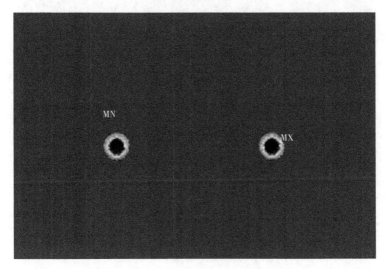

(f)第一主应力方向塑性应变

续图4-15

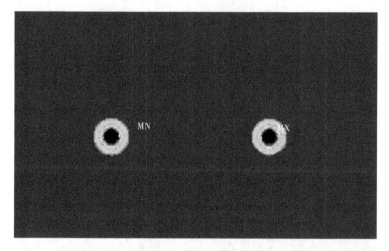

（g）第二主应力方向塑性应变

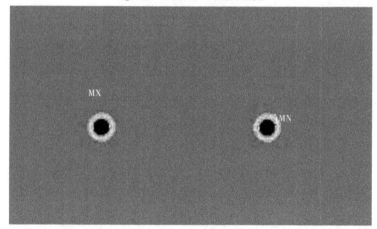

（h）第三主应力方向塑性应变

续图 4-15

对图 4-12 ~ 图 4-15 进行分析，可知：

（1）注水载荷为 20 MPa 时，两孔之间形成的塑性区相互贯通，可认为双孔注水载荷达到 20 MPa 时，两孔之间形成的裂隙贯通。

（2）塑性区产生后，直到裂隙贯通，注水载荷与影响半径之间的关系见表 4-4 和图 4-16。

表 4-4　注水载荷与影响半径之间的关系

注水载荷(MPa)	影响半径(m)
5	0.176 0
10	0.268 8
15	0.453 8
20	0.500 0

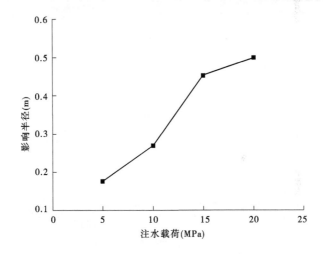

图 4-16　注水载荷与影响半径之间的关系

由表 4-4 和图 4-16 可知,当注水载荷增大时,注水影响半径也随之增大,当注水载荷达到 20 MPa 时,两注水孔的影响区域实质上已经贯通而连成一体。

故当注水孔直径为 40 mm 时,两注水孔的注水载荷以 20 MPa 为佳。

同时,当按注水孔直径为 40 mm 设计两孔之间的距离或加密注水孔时,均可按表 4-4 的数据进行选取。

4.3.4　数值模拟结果综合对比分析

在边界条件、孔中心距和岩体物理力学特性一定的条件下,孔直径和与之对应的导致裂隙贯通的注水压力之间的关系见表 4-5 和图 4-17。

表 4-5　孔直径和与之对应的导致裂隙贯通的注水载荷之间的关系

孔直径(mm)	40	50	60
注水载荷(MPa)	20	16.5	15

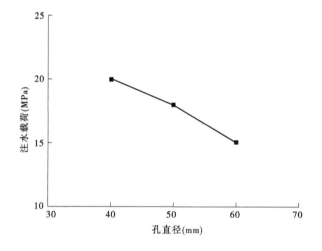

图 4-17　孔直径和与之对应的导致裂隙贯通的注水载荷之间的关系

由表 4-5 和图 4-17 可得出以下结论。

(1)钻孔直径为 60 mm,注水载荷为 15 MPa 时,两孔之间形成的塑性区相互贯通,可认为双孔注水载荷达到 15 MPa 时,两孔之间形成的裂隙贯通。

(2)钻孔直径为 50 mm,注水载荷为 16.5 MPa 时,两孔之间形成的塑性区相互贯通,可认为双孔注水载荷达到 16.5 MPa 时,两孔之间形成的裂隙贯通。

（3）钻孔直径为40 mm，注水载荷为20 MPa时，两孔之间形成的塑性区相互贯通，可认为双孔注水载荷达到20 MPa时，两孔之间形成的裂隙贯通。

（4）从图4-17可以看出，随着钻孔直径的增加，导致裂隙贯通所需要的注水压力呈递减趋势。

（5）从弹塑性的角度来讲，假定在没有出现钻孔时，周围的岩体处于弹性状态；由于打钻孔和注水的时间间隔很短，可以假定向两个钻孔内注水时，钻孔周围的岩体仍处于弹性状态下。在这种假设下，可以做如下解释：

在两个钻孔内注水完成以后，一方面，由于钻孔的存在，周围岩体的力学性质发生很大的变化，但限于钻孔的孔径较小，钻孔本身对周围岩体的影响区域较小，只导致钻孔周围小范围内形成塑性区，离钻孔较远处，围岩依然处于弹性状态，不会出现两个钻孔周围的塑性区相交，故不会导致两个钻孔之间出现贯通裂隙。但由于注水压力的增加，两个钻孔周围塑性区不断扩大。当注水压力增加到一定值时，两个塑性区相交，从而在两个钻孔之间出现贯通裂隙。

（6）在两个钻孔之间能够出现垂直裂隙的依据：李志刚等[144]得出的关于产生垂直裂缝的条件和理论解（$II_{cr} \approx 308$ m），以及美国矿业局通过放射性示踪和开拓巷道观察的结果（$II_{cr} < 366$ m）。模拟中采用的深度条件是$H = 450$ m，显然，在两个钻孔之间能够出现垂直裂隙。

（7）为什么在边界条件、孔中心距和岩体物理力学特性一定的条件下，注水压力随着钻孔直径的增加而呈减小趋势呢？

可以这样解释：

①从岩体稳定性角度来讲。

在钻孔出现前，岩体结构处于稳定状态。钻孔和注水活动是对岩体进行的一种破坏性活动，在注水压力一定的条件下，钻孔直径越大，对岩体结构的破坏程度就越大，岩体结构就越容易失稳（两孔之间出现贯通裂缝)。所以,导致裂隙贯通所需要的注水压力随着钻孔直径的增加而呈减小趋势。

②从能量角度来讲。

假设在钻孔出现前,岩体结构处于稳定状态。钻孔本身对周围岩体的影响区域较小,只导致钻孔周围小范围内形成塑性区,离钻孔较远处,围岩依然处于弹性状态。若欲使两个钻孔之间出现贯通裂缝,必须使距离两钻孔 0.5 m 处的中间节点(或质点)在两钻孔注水作用下达到或超过维持该点处于弹性状态的(变形)能量值。显然,钻孔直径越大,孔壁离中间节点距离越近,注水作用产生的能量就越容易到达中心节点。所以,导致裂隙贯通所需要的注水压力随着钻孔直径的增加而呈减小趋势。

③从结构面角度来讲。

a. 如果在两个钻孔之间本身就存在一个贯穿结构面(垂向弱面),显然,不需要多大注水压力就可使两钻孔注水相通,这时就没必要考虑钻孔直径的影响。

b. 如果在两个钻孔之间本身就存在一个结构面(垂向弱面)(这里的垂直指弱面的法向),但不贯通,显然,钻孔直径越大,孔壁离结构面距离越近,导致结构面贯通所需要的注水压力就越小。

c. 如果在两个钻孔之间本身就存在一个结构面(水平弱面)(这里的水平指弱面的切向),则钻孔直径对导致裂隙贯通所需要的注水压力影响很小。

4.4　本章小结

(1)根据水井头煤矿工作面的工程实际,利用有限元数值模拟软件 ANSYS 建立了双孔注水的水力疏松数值模型,并按孔径和注水压力的不同设计了 12 种不同的数值模拟方案。

(2)通过数值模拟的结果分析了不同孔径和注水压力下煤层水力

疏松的效果,结果显示孔径与注水压力越大,水力疏松的效果越好,煤岩体的增透效果也越好。

(3)从岩体稳定性角度、能量角度和结构面角度等 3 个方面对注水压力随着钻孔直径的增加而减小的趋势进行了解释。

第 5 章　穿层钻孔水力割缝区域快速消突技术试验研究

5.1　引　言

近年来,具有保护层开采条件的煤层,通过开采保护层的区域性治理措施,已经取得较为理想的瓦斯治理效果。对于不具备保护层开采条件的煤层,区域性预抽是解决瓦斯问题的主要途径。针对我国煤矿自身的特点,尤其是对那些高瓦斯低透气性煤矿井而言,常规的瓦斯抽采方法难以取得预期的效果,存在单孔影响范围有限、钻孔量大、效率低等困难。

为此,在钻孔抽采瓦斯的基础上开发出来的水力割缝区域快速消突技术可取得较好的效果。这种方法可极大地扩大单钻孔的有效影响范围,减小钻孔的施工量,提高煤层瓦斯抽采效率。因此,开展以水力割缝区域快速消突技术为代表的高瓦斯低透气性煤层卸压增透理论与技术研究,对煤矿的安全生产、瓦斯资源开发及环境保护具有重大的理论和现实意义。

本章的研究以"稀钻孔、卸地压、强增透、快速抽"的防突理念为指导,创建新的行之有效的区域防突技术体系,并通过实验室试验和现场试验,开展穿层钻孔水力割缝卸压增透技术的研究,力求为提高矿井安全保障程度和生产效率提供基础。

5.2　试验设备

试验依托湖南省瓦斯治理和利用工程研究中心高压水射流实验室

开展,现场试验对象为坦家冲煤矿和水井头煤矿。考虑到两个试验矿井煤层属于低透气性煤层,穿层钻孔对煤层的卸压增透效果有限。为此,拟对每一施工完毕的穿层钻孔进行水力割缝卸压增透处理,充分卸除地应力、增加煤体透气性。研究中,拟通过测定水力割缝措施前后的钻孔瓦斯流量变化,考察水力割缝对煤体透气性的影响程度,确定合理的水力割缝参数。

5.2.1　试验设备构成

水力割缝装备是由乳化液泵站、煤矿用钻机、钻杆、钻孔割缝一体化钻头、分水器(水辫)、矿用隔爆型真空电磁启动器、矿用隔爆型急停按钮、高压胶管、调压阀组及球阀接头连接而成的一套装置。

(1)乳化液泵站部分。

本设备使用的乳化液泵站由BRW80/20乳化液泵与XRXT系列乳化液箱组成,如图5-1所示。乳化液泵电机功率37 kW,柱塞直径40 mm,工作压力20 MPa,公称流量为80 L/min。

图5-1　乳化液泵站

(2)钻机、钻杆及钻孔割缝一体化钻头。

钻机是水力割缝执行机构。钻杆的旋转、钻孔割缝一体化钻头的移动割缝全部由钻机来实现。钻杆由 3 部分组成,包括 2 个连接端头,1 根无缝钢管,其连接处采用密封圈密封,实现 20 MPa 时良好密封效果。钻孔割缝一体化钻头由 3 部分组成,包括压力阀、喷嘴、钻头体。压力阀可以实现钻孔割缝一体化钻头内部水路的切换工作;喷嘴由硬质合金经高压定型而成,具有使用寿命长、射流成型质量好的优点。水力割缝高压密封钻杆、钻头如图 5-2 所示。

图 5-2　水力割缝高压密封钻杆、钻头

(3)矿用隔爆型真空电磁启动器和矿用隔爆型急停按钮。

隔爆型真空电磁启动器放置在乳化液泵附近,用于开停乳化液泵和钻机。矿用隔爆型急停按钮安装在钻机操作台附近,便于紧急状况下实施停车操作。

(4)液压控制阀。

液压控制阀主要包括卸载阀、安全阀(集成在泵站内)和压力调节阀。卸载阀安装在水箱上,压力超过该阀额定压力便自动开启泄流。安全阀位于泵头上,当系统超过设计载荷 20 MPa 时,该阀开启降压。压力调节阀安装在水射流发生器装置前方管路系统中,通过调节系统流量来达到稳定系统压力的目的。

(5)水辫和高压胶管。

水力割缝高压密封水辫的主要作用是向钻杆传递动力和通水(或压风)(见图 5-3)。本装置中管路连接均采用 4 层钢丝高压胶管(见图 5-4)。

图 5-3　水力割缝高压密封水辫

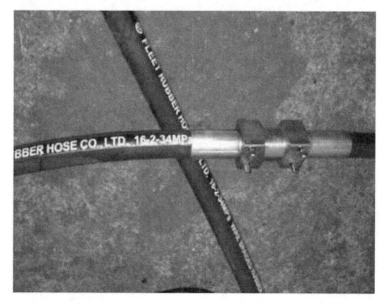

图 5-4　水力割缝高压胶管

5.2.2　试验设备总装

如前所述,整个试验设备包括乳化液泵、乳化液箱、钻机、水辫、钻杆和钻头等 6 个主要构成部分,总装后的试验设备如图 5-5 所示。

5.2.3　实验室试验

为了保证井下试验的顺利进行,有必要在实验室开展试验设备的测试试验。实验室的试验对象为现场取得的较硬的成块实体煤样,主要开展煤体的切缝试验。试验系统实物如图 5-6 和图 5-7 所示,实验室测试煤样的摆放如图 5-8 所示。

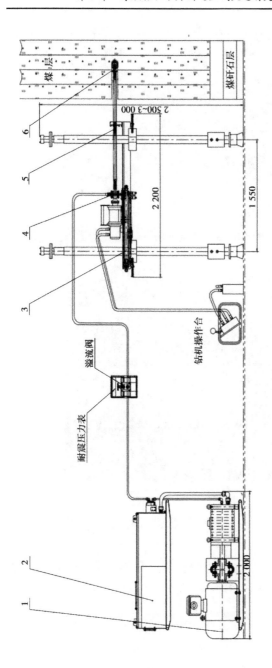

1—乳化液泵;2—乳化液箱;3—钻机;4—水辫;5—钻杆;6—钻头

图 5-5　水力割缝装备总装示意　(单位:mm)

图 5-6　试验系统实物

图 5-7　水力割缝地面承压试验

试验开始后,开通乳化液泵,旋转钻机进行切割,切割约 3 s,煤样被拦腰切断,切割后的煤体见图 5-9。

从试验的情况来看,水力割缝装置运行效果良好,高压水射流切割的力量足够对煤体进行切割。

图 5-8　煤样的摆放

图 5-9　高压水射流切割后的煤样

5.3　现场试验设计与施工

5.3.1　现场试验概况

5.3.1.1　坦家冲煤矿216采区-150北石门

216采区-150北石门位于坦家冲矿井的南翼,位置见图5-10。石门四周均为未采动煤层,具有严重的煤与瓦斯突出危险。石门方位80°。该石门揭6煤层老顶是灰黑色、厚层状泥质粉砂层;直接顶是灰黑色薄层状粉砂岩,裂隙发育、易冒落;直接底是麻白色厚层状石英细砂岩,较坚硬,是6煤层标志层;老底是灰黑色中薄层状泥质粉砂岩,裂隙发育。

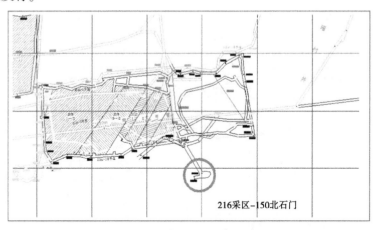

图 5-10　坦家冲煤矿216采区-150北石门位置

该石门目前已经掘进至距离煤层法向距离10 m位置,2012年8月已经施工有穿层抽放钻孔104个,抽采钻孔剖面及平面见图5-11和图5-12。216采区-150北石门附近6煤层厚度大,抽采钻孔穿煤厚度在10~45 m,煤层倾角约25°。

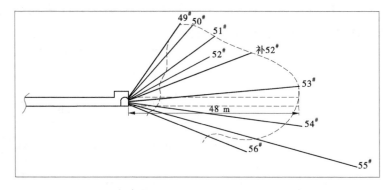

图 5-11　坦家冲煤矿 216 采区–150 北石门抽采钻孔剖面

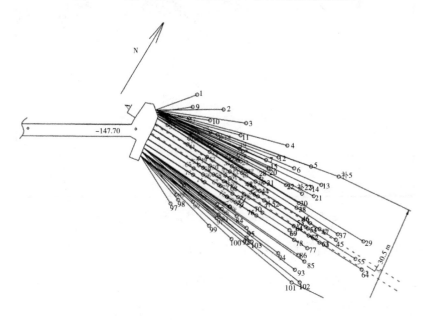

图 5-12　坦家冲煤矿 216 采区–150 北石门抽采钻孔平面

5.3.1.2　水井头煤矿 3228 工作面

水井头煤矿试验工作面为 3228 工作面。3228 工作面地面位置位于康家坨一带,地表主要分布有水田、山地、零星水塘。井下位置位于井田西翼。北东向以下 FⅡW093 断层为界,西南向为 3228(3)工作面采空区。本区域水文条件简单,主要水源为顶板裂隙水,对施工无大影响。工作面采掘工程平面见图 5-13。

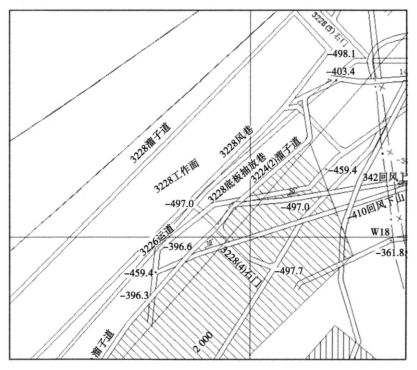

图 5-13   水井头煤矿 3228 工作面采掘工程平面图

5.3.2   水力割缝钻孔设计

5.3.2.1   坦家冲煤矿水力割缝钻孔设计

(1)水力割缝方式。

由于本次试验的坦家冲煤矿 216 采区-150 北石门煤层瓦斯压力较大,煤体松软,煤层很厚,因此在此次试验中采用如下方案:先采用岩石钻头进行钻进,在钻进到煤层后,拟采用多种钻头进行试验,包括水力割缝煤钻头(ZTY-89/3S 和全水力两向钻头)、普通岩石钻头等;在直接进行水力排渣无法穿顶的情况下可以先用压风排渣的方式钻进至煤层顶板,然后将钻头退至煤层底板,接通高压水泵,进行水力割缝施工。

在水力割缝进行的时候,要保证工作地点有独立的回风系统,回风系统中无作业人员,同时保证施工地点风量充足。

研究中,拟通过测定水力割缝措施前后的钻孔瓦斯流量变化,考察水力割缝对卸压增透的影响程度,确定合理的水力割缝参数。

(2)坦家冲煤矿水力割缝钻孔设计。

根据抽采设计孔的布置,考虑卸压范围和钻孔间距的关系,坦家冲煤矿 216 采区-150 北石门高压水射流卸压增透措施设计方案见图 5-14。其中水力割缝钻孔 24 个,均匀布置于已经施工的钻孔中间。

5.3.2.2　水井头煤矿水力割缝钻孔设计

水井头煤矿水力割缝增透试验在 3228 工作面底板抽采巷 13# 钻场进行,主要考察单孔水力割缝的效果。

5.3.3　水力割缝现场施工情况

5.3.3.1　坦家冲煤矿 216 采区-150 北石门施工情况

坦家冲煤矿 216 采区-150 北石门工作面水射流措施施工从第二组 5# 钻孔开始,从第二组依次施工到第五组,最后施工第一组,每组施工均是按倾角由大变小施工。施工 5# 钻孔时出现严重的喷孔现象,开始加工钻、抽、排一体化装置。6# 钻孔施工后期进行了安装调试,从 7# 钻孔开始均采用了钻、抽、排一体化装置,起到了非常好的效果,基本解决了高压水射流卸压增透过程中的瓦斯涌出造成巷道瓦斯超限的问题。具体参数和布置见表 5-1 和图 5-15。

5.3.3.2　水井头煤矿 3228 工作面施工情况

水井头煤矿水力割缝增透试验在 3228 工作面底板抽采巷进行,首先在试验的底板巷 13# 钻场位置进行单孔水力割缝井下试运行试验,通过试验主要测试水力割缝设备在井下的运行情况以及单孔水力割缝的实施效果。

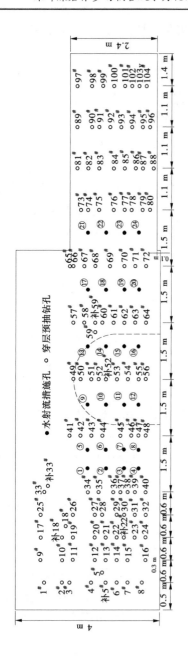

（a）立面图

图 5-14 坦家冲煤矿 216 采区－150 北石门高压水射流卸压增透措施设计方案

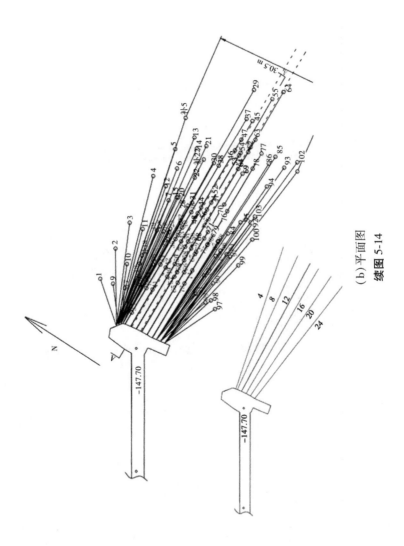

（b）平面图

续图 5-14

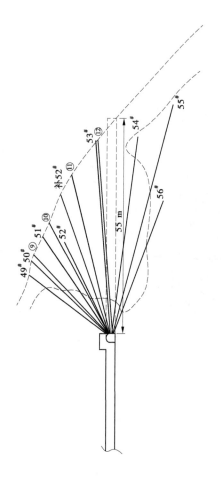

（c）剖面图

续图 5-14

表 5-1　216 采区 -150 北石门水力割缝成果参数表

孔径(94 mm)	孔号	开孔高(m)	方位角(°)	坡度(°)	孔长(m)				封孔长度(m)	封孔人员	封孔日期(月-日)
					岩孔	煤孔	顶板	合计			
一组	1#	2.4	69	45	13	13	1	27	26	曹勇军,廖新国	07-27早班
	2#	2.0	74	30	10	30	钻杆断	40	12		
	补2#	1.7	74	30	9	26	1	36	24		
	3#	1.2	76	17	8	34	到顶	42	24		
	4#	0.8	80	7	8	38	到顶	46	32		
	5#	2.4	90	40	12	14.5	0.50	27	24	曹勇军,谭勇军	06-29中班
二组	6#	1.9	87	28	12	19	1	32	28	谢建华,阳云根	07-02晚班
	7#	1.4	89	15	10	23	到顶	33	20	谭勇军,谢季文	07-04早班
	8#	1	90	6	7	35	到顶	42	20		

续表 5-1

孔径 (94 mm)	孔号	开孔高 (m)	方位角 (°)	坡度 (°)	岩孔	煤孔	顶板	合计	封孔长度 (m)	封孔人员	封孔日期 (月-日)
三组	9#	2.4	94	45	13	16	到顶	29	28	张爱明，黄从兵	07-05 中班
	10#	2	92	30	9	22	1	32	16	曹勇军，廖新国	07-05 早班
	11'#	1.5	90	20	8	40	1	49	12	阳全，	07-08早班
	12'#	1	90	14	7.5	44	0.5	52	16	王桂勇	07-09早班
	13'#	0.5	90	5	8	38	1	47	40	阳本友，齐小门	07-11 中班
四组	14#	2.4	94	45	11	—	钻杆断	11	8	齐小门，阳云根	07-15 中班
	补14'#	2.2	94	37	10	19	1	30	20		
	15'#	1.8	94	30	10	19	1	30	20		
	16'#	1.5	90	14	10	35	到顶	45	20		
	17'#	0.5	90	5	8	43.5	0.5	52	24		

续表 5-1

| 孔径 (94 mm) | 孔号 | 开孔高 (m) | 方位角 (°) | 坡度 (°) | 孔长 (m) | | | | 封孔长度 (m) | 封孔人员 | 封孔日期 (月-日) |
					岩孔	煤孔	顶板	合计			
五组	18′#	2.2	101	40	15	16	1	32	20	曹勇军，廖新国	07-27 早班
	19′#	2	105	30	13	21	1	35	16		
	20′#	1.4	105	17	14	33	1	48	20		
	21′#	1.1	105	5	12	39.5	0.5	52	16		

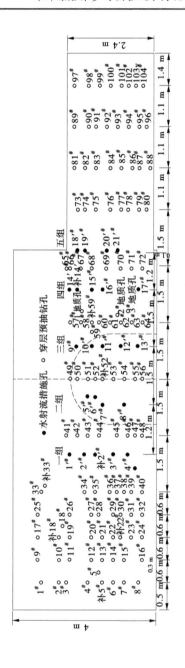

图 5-15　216 采区 -150 北石门抽采钻孔施工成果

（a）立面图

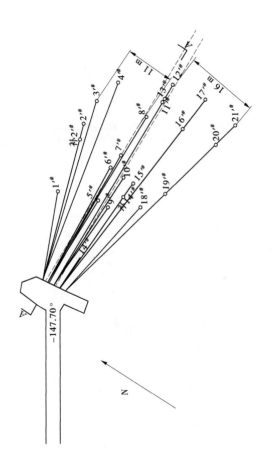

（b）平面图

续图 5-15

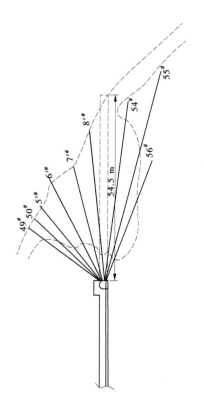

（c）剖面图

续图 5-15

在单孔水力割缝试验完成以后,进行整个钻场的水力割缝试验,通过施工抽采孔和水力割缝措施孔相结合的方法来增加煤层透气性,增强穿层钻孔的瓦斯抽采效果。

2011年10月15日开始在水井头煤矿3228工作面13#钻场开始水力割缝井下试验。为了更好地验证其水力割缝效果,前期在钻场进行了煤层瓦斯压力测定钻孔的施工,共施工两个钻孔,具体参数见表5-2。压力测定结果为:1-1#孔2.70 MPa,1-2#孔2.45 MPa。

水力割缝井下试验从10月15日到10月28日,其间共进行了9个班的水力割缝试验。总共施工4个水力割缝钻孔,其中3个见煤并进行了水力割缝操作,一个未见煤(可能钻进到了煤层的边界地带或者遇到断层),钻孔的具体参数见表5-2。

表5-2　13#钻场测压孔及水力割缝钻孔参数

钻孔编号	方位角 (°)	倾角 (°)	岩孔长 (m)	煤孔长 (m)	割缝时间	说明
测压孔 1-1#	286	48	26	2	—	最高压力 2.70 MPa
测压孔 1-2#	303	20	28	2	—	最高压力 2.45 MPa
水力割缝孔 1#	270	44	26.6	1.4	10月16—19日	出煤1.8 t 左右
水力割缝孔 2#	260	36	32.2	—	—	(未见煤)
水力割缝孔 3#	285	39	24.5	0.7	10月27日	出煤1.0 t 左右
水力割缝孔 4#	287	53	23.8	未过顶	10月28日	出煤2.5 t 左右

注:底板巷方位角230°,煤层走向评价方位角320°。

5.4　试验结果分析

在穿层钻孔水力割缝过程中,对水力割缝卸压增透效果的考察主要是:水力割缝过程中钻孔瓦斯涌出规律的研究,水力割缝以后对钻孔周围煤体影响范围的分析,水力割缝以后钻孔瓦斯抽采效果、煤层瓦斯压力与未进行水力割缝的钻孔进行对比分析。

5.4.1　水力割缝过程中钻孔瓦斯涌出规律分析

水力割缝过程中对钻孔瓦斯涌出规律的分析主要通过观测记录回风巷中瓦斯探头的瓦斯浓度确定。底板巷中风量一般稳定,因此根据探头的瓦斯浓度和回风巷中的风量就可以得出水力割缝过程中的钻孔瓦斯涌出情况。

5.4.1.1　坦家冲煤矿216采区-150北石门

坦家冲煤矿216采区-150北石门进行水力割缝过程中由于煤层瓦斯涌出量太大,为防止瓦斯超限造成安全事故,在第一个试验孔5#钻孔完成以后,便开始使用瓦斯钻、抽、排一体化装置,瓦斯浓度探头数据不能反映全部的瓦斯涌出量情况。因此,216采区-150北石门水力割缝过程中的瓦斯涌出规律仅考察5#钻孔。

216采区-150北石门钻场施工端头由风筒送风,风量稳定在100 m³/min左右。根据风量和瓦斯浓度探头的数据得到钻孔瓦斯涌出量的情况,以5#钻孔为例,其水力割缝瓦斯涌出规律见图5-16。

采取水力割缝钻孔的瓦斯涌出量均呈现以下规律:

(1)采取水力割缝措施的钻孔瓦斯涌出量要远大于割缝前的或未采取水力割缝措施的钻孔瓦斯涌出量,且是成倍地增加;

(2)随着钻孔瓦斯喷孔而形成集中式瓦斯涌出,释放大量瓦斯,从而达到短期瓦斯涌出高峰,随后逐渐下降;

(3)水力割缝过程中,钻孔的瓦斯涌出量有很大程度的升高,最高瓦斯涌出量达到9.72 m³/min,而正常情况下的瓦斯涌出量一般小于0.5 m³/min,以0.5 m³/min计算,最高瓦斯涌出量为正常情况的19倍。

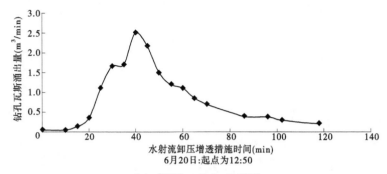

(a) 5# 钻孔 6 月 20 日早班

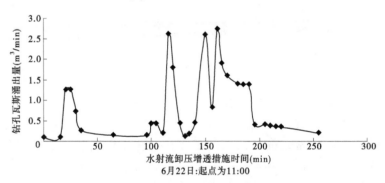

(b) 5# 钻孔 6 月 22 日早班

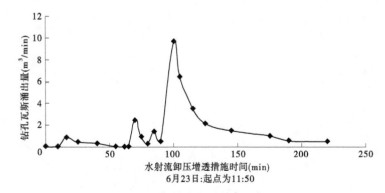

(c) 5# 钻孔 6 月 23 日早班

图 5-16　216 采区 −150 北石门 5# 钻孔水力割缝瓦斯涌出规律

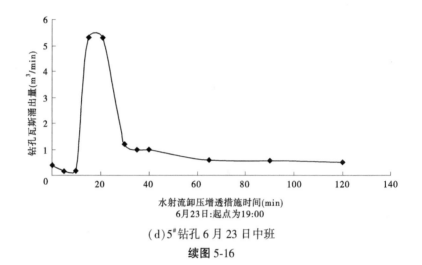

(d)5#钻孔 6 月 23 日中班

续图 5-16

5.4.1.2　水井头煤矿 3228 工作面

在水井头煤矿 3228 工作面中,从测量结果来看,底板巷道中风量一般稳定在 70 m³/min 左右。由于 2#钻孔进行水力割缝,故在此分析中忽略该钻孔,1#、3#和 4#钻孔的水力割缝的瓦斯涌出量与时间的关系及喷孔情况分别如图 5-17~图 5-19 所示。

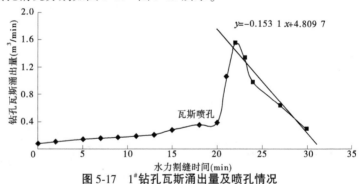

图 5-17　1#钻孔瓦斯涌出量及喷孔情况

对图 5-17~图 5-19 进行分析,可以得出以下规律:

(1)在水力割缝过程中,如果未发生喷孔现象,则瓦斯的涌出量较小,一般在 0.1~0.5 m³/min;发生喷孔现象时,瓦斯涌出量表现突然升

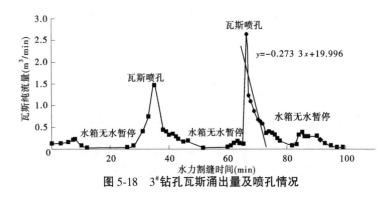

图 5-18 3#钻孔瓦斯涌出量及喷孔情况

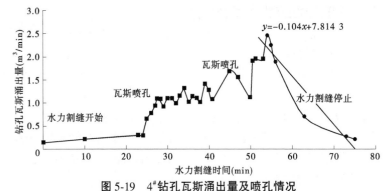

图 5-19 4#钻孔瓦斯涌出量及喷孔情况

高的现象,可见喷孔时刻可视为瓦斯涌出量的一个极值,且在水力割缝过程中可发生多次喷孔。在 3 个水力割缝钻孔中,喷孔最大值出现在 3#钻孔的第 2 次喷孔时,达到了 2.6 m³/min,远高于其前后时刻的瓦斯涌出量。

(2)为了排除各个钻孔水力割缝卸压增透过程中时间长短的影响,得到 3 个钻孔的平均瓦斯涌出量(见表 5-3)。各个钻孔的平均瓦斯涌出量和出煤量有明显的正相关性,尤其对于松软易喷孔的高瓦斯煤层,出煤量是水力割缝措施效果的一个重要考察指标。根据水力割缝的原理,冲洗出的煤量越多,钻孔周围煤体的膨胀变形空间越大,周围煤体在内部瓦斯压力、重力和水力的共同作用下,煤体膨胀变形也越大,煤层的透气性系数越高,钻孔影响半径越大。

表 5-3 水力割缝钻孔出煤量与瓦斯释放总量表

钻孔号	水力割缝时间 （min）	释放瓦斯量 （m^3）	平均瓦斯涌出量 （m^3/min）	出煤量 （t）
水力割缝 1# 钻孔	30	12.5	0.42	1.8
水力割缝 3# 钻孔	99	25.9	0.26	1.0
水力割缝 4# 钻孔	75	62.2	0.83	2.5

（3）瓦斯喷孔后，钻孔瓦斯涌出量急剧上升，在上升到阶段高点后，缓慢下降。其过程分为两个阶段，上升阶段是喷出的煤体瓦斯的急剧释放，而后的下降则反映出煤体在松动卸压后瓦斯释放的衰减过程，缓慢说明卸压煤体的瓦斯释放依然强劲。

取 3 个钻孔最后一次喷孔发生后的瓦斯涌出量和时间进行线性拟合，得到 3 条直线的斜率为：$k_1 = -0.153\ 1$，$k_3 = -0.273\ 3$，$k_4 = -0.104$。k 的绝对值越小，钻孔的瓦斯涌出量衰减越慢；反之，衰减越快。水力割缝卸压增透实施后，煤体被冲洗出来，煤孔周围煤体得到卸压发生膨胀，产生更多的裂隙和瓦斯涌出通道，k 的大小实质反映的是钻孔卸压煤体的范围。因此，对于松软的高瓦斯煤层，实施水力割缝卸压增透措施最后一次喷孔后瓦斯涌出量与时间斜率的绝对值 k 可以在一定程度上反映其卸压增透效果。

（4）水射流的喷嘴直径对钻孔的瓦斯涌出量有较大影响。试验中，1# 钻孔径向喷嘴直径 1.60 mm，3#、4# 钻孔径向喷嘴直径 4.00 mm。试验中发现：对于水井头煤矿坚固性系数在 0.2 左右的煤体，钻孔径向喷嘴直径为 4.00 mm 的情况下能较好地进行卸压增透作业。

对比 1# 钻孔与 3#、4# 钻孔的瓦斯涌出规律可以看到，3#、4# 钻孔在瓦斯喷孔后瓦斯涌出量的升高幅度都要高于 1# 钻孔，这主要是 1# 钻孔喷嘴的直径小于 3#、4# 钻孔喷嘴直径导致的。喷嘴的直径增大，在高压泵同等功率下，使得水射流时的水流量增大。这样虽然会导致水的压力减小、水射流的速度降低，但也会增大水射流的覆盖面积。对于松软煤层来说，只需要较小的水流速度就能冲洗出煤体。水量增大的同时也有助于及时将煤体从钻孔中排出，防止煤体堵孔。

从上面的数据计算得出，在水力割缝措施实施过程中，各个钻孔释放出的瓦斯量数据见表5-3。1#钻孔喷嘴过小导致卡钻,卡钻处理过程中统计的数据不全。从3#、4#钻孔可以看到,钻孔释放的瓦斯总量和出煤总量有一定的相关性,出煤越多,瓦斯释放量也越大。因此,出煤量也是水力割缝措施效果的一个考察指标。

5.4.2 水力割缝后钻孔瓦斯抽采效果分析

(1)坦家冲煤矿。

坦家冲煤矿选择216采区-150北石门钻场中与水力割缝卸压增透1#钻孔位置接近的34#钻孔作为考察孔,34#钻孔和1#卸压增透措施孔的位置关系见图5-15。通过煤气表和高浓度光学瓦斯检测仪测得34#钻孔的抽采数据见表5-4,将表中数据绘入图5-20。

从表5-4和图5-20中可以看到:7月12日34#钻孔的抽采浓度为29%,抽采纯瓦斯量为0.000 9 m³/min。7月22日施工了水力割缝卸压钻孔后,34#钻孔抽采瓦斯浓度提高到了40%,相比之前抽采瓦斯浓度明显提高;抽采纯瓦斯量提高到了上午的0.002 8 m³/min和下午的0.003 2 m³/min,相比7月12日的数值提高了不少。而后随着时间的推移,34#钻孔的抽采纯瓦斯量逐渐减少,而抽采瓦斯浓度基本保持不变。

表5-4 34#钻孔瓦斯抽采数据

时间 (年-月-日)	混合流量 (m³/min)	抽采纯瓦斯量 (m³/min)	抽采瓦斯浓度 (%)
2013-07-12	0.003	0.000 9	29
2013-07-22 am	0.007	0.002 8	40
2013-07-22 pm	0.008	0.003 2	40
2013-07-23	0.006	0.002 4	40
2013-08-16	0.005	0.002 0	40
2013-08-18	0.004	0.001 6	40

水力割缝卸压增透18#钻孔处,当进行钻进揭煤作业以后,该钻孔的初始抽采量为其最大抽采瓦斯量,达到0.180 0 m³/min,抽采瓦斯浓度为90%,随后钻孔的抽采浓度和抽采纯瓦斯量都随着抽采时间的增

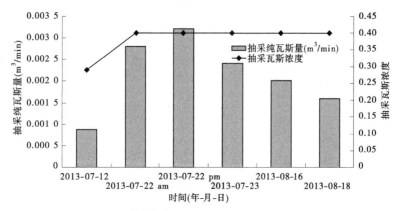

图 5-20   34#钻孔抽采纯瓦斯量和抽采浓度变化规律

加而减少。具体数据见表 5-5 和图 5-21。

表 5-5   18#钻孔瓦斯抽采数据

时间 (年-月-日)	距离揭煤的 时间(d)	抽采瓦斯 浓度(%)	混合流量 (m³/min)	抽采纯瓦斯量 (m³/min)
2013-07-15	1	90	0.200	0.180 0
2013-07-16	2	90	0.100	0.090 0
2013-07-18	4	80	0.035	0.028 0
2013-07-20	6	75	0.021	0.015 8
2013-07-21	7	75	0.002	0.001 5
2013-07-22	8	75	0.002	0.001 5

注:18#钻孔 7 月 14 日中班钻进,晚班进行水力割缝,7 月 15 日封孔。

将卸压增透 18#钻孔的抽采纯瓦斯量按指数规律绘制其衰减规律
(见图 5-22),得到其衰减系数为 0.693 8 d^{-1}。而一般未进行水力割缝
卸压增透的钻孔,衰减系数为 0.472 7~0.936 1 d^{-1}。

对比图 5-20 和图 5-21 可以看出:

①卸压增透钻孔的抽采纯瓦斯量的初始值要远大于普通钻孔在受
到周边卸压增透影响时的抽采纯瓦斯量,前者是后者的 10 倍左右。分

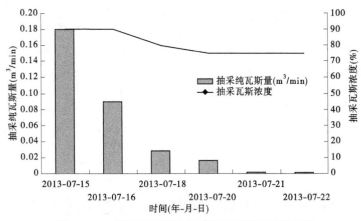

图 5-21 18[#]钻孔抽采纯瓦斯量和抽采浓度变化规律

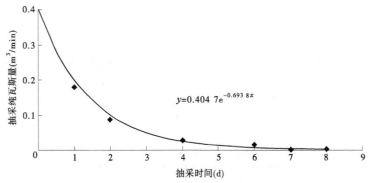

图 5-22 18[#]钻孔抽采纯瓦斯量衰减系数

析其原因,可能主要是普通已经经过了较长时间的抽采,原抽采范围内的瓦斯已经基本抽采完毕。

②卸压增透钻孔比普通受卸压影响后的钻孔瓦斯抽采量衰减要快很多,主要是因为卸压增透钻孔周围的煤体膨胀变形充分,透气性系数突然变大,瓦斯大量涌出,这既造成了钻孔初始瓦斯抽采量很大,也使得瓦斯迅速释放后钻孔瓦斯抽采量快速衰减。

(2)水井头煤矿。

在水井头煤矿 3228 工作面进行水力割缝之后,对 3[#]、4[#]钻孔采用水泥注浆的方法(封孔长度大于 6 m)进行封孔并联网抽采,对抽采数据进行观测得到表 5-6 中的数据。对比未进行水力割缝的钻孔抽采效果,以普通钻孔(抽采半径测试孔 3#钻孔)作为参照,其抽采瓦斯流量与抽采时间的关系见图 5-23。

表 5-6　13#钻场水力割缝钻孔参数

时间(月-日)	10-27	10-28	11-05	11-07	项目	11-09	12-06
水力割缝 3#孔	进行水力割缝	—	封孔	联网抽放	瓦斯混合流量(L/min)	0.032	0.035
					浓度(%)	70	85
					抽放负压(kPa)	19	24
水力割缝 4#孔	—	进行水力割缝	封孔	联网抽放	瓦斯混合流量(L/min)	0.112	0.140
					浓度(%)	99.9	99.5
					抽放负压(kPa)	20	24

　　通过对比分析可以得出:煤层厚度 0.7 m 的水力割缝 3#钻孔前一个月的瓦斯混合流量均在 0.03 L/min 以上,煤层厚度 2.4 m 的水力割缝 4#钻孔前一个月的瓦斯混合流量则在 0.1 L/min 以上。煤层厚度 2.4 m 的抽采半径测定孔 3#钻孔 9 月 29 日—10 月 6 日瓦斯混合流量接近 0.025 L/min,而后的瓦斯混合流量约为 0.015 L/min。因此,在同等条件下,经过水力割缝之后,钻孔瓦斯抽采流量会有比较大的增加,增加幅度在 2~10 倍。

　　在同等条件下,经过水力割缝之后,从 11 月 9 日到 12 月 6 日 28 d 内的水力割缝钻孔瓦斯抽采情况来看,钻孔抽采量在较长预抽时间后

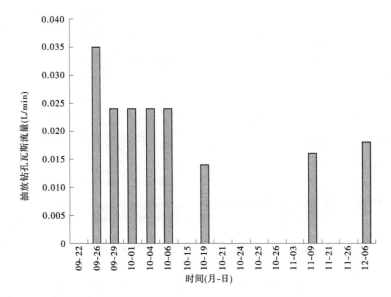

图 5-23　普通钻孔(抽采半径测定孔 3#钻孔)抽采瓦斯流量与抽采时间的关系

依然很大,说明钻孔抽采衰减程度较低,能够更好地抽采煤层瓦斯。

综合坦家冲煤矿和水井头煤矿对水力割缝钻孔瓦斯抽采影响的分析,可以得出以下结论:

(1)水力割缝措施能够有效增加煤层的透气性系数。经过水力割缝之后,钻孔瓦斯抽采流量会有比较大的增加,增加幅度为 2~10 倍。

(2)水力割缝钻孔的瓦斯抽采量衰减系数受到出煤量、煤层性质、初始瓦斯涌出量等因素影响,因而表现出不同特征。出煤量多,煤体卸压充分,初始瓦斯涌出量大,瓦斯涌出速度快,瓦斯抽采量衰减系数因而也大。

5.4.3　水力割缝卸压范围考察

水力割缝卸压影响范围的考察地点为水井头煤矿 3228 工作面。通过压力下降法实测普通穿层钻孔和水力割缝卸压增透钻孔瓦斯抽采影响半径来考察水力割缝效果。

(1)普通穿层钻孔瓦斯抽采影响半径测试。

在进行穿层钻孔瓦斯抽采时,一般形成一个以钻孔中线为轴的圆柱体范围,该范围即是抽采影响圈。抽采影响圈的实质是在瓦斯抽采过程中,因瓦斯压力和孔底负压被抽采出瓦斯后形成的一个区域。明显地,抽采影响圈的范围随着抽采时间的延长而增大,直至该钻孔不能再抽出瓦斯为止。

试验结果表明:一定抽采条件下,抽采影响半径由预抽瓦斯有效性指标和预抽时间决定。抽采影响半径一般的指标是指周围煤体压力在原始压力的基础上下降10%。

对突出危险煤层来说,有效抽采半径是指钻孔抽采一定时间后能消除突出的范围,这个范围用以钻孔为中心的圆的半径来表示。有效抽采半径对于高瓦斯矿井来说,一般按抽采率达到30%作为有效性指标;而对于有突出危险的煤层,其有效性指标为煤层瓦斯压力下降到0.74 MPa。

本次研究采用压降法考察抽采钻孔周围煤体瓦斯压力随预抽时间的变化情况,回归分析确定抽采影响半径和有效抽采半径与预抽时间的关系。具体步骤为:选择在煤层赋存条件相对稳定的底板抽采巷(水井头煤矿3228抽采巷)向煤层打1组穿层钻孔,其中1个抽采孔和4个煤层瓦斯压力测试孔,见图5-24,钻孔参数见表5-7。所有钻孔以倾角47°、垂直底板抽采巷方向钻进,全部穿透煤层,测压孔在钻进完毕以后使用水泥注浆进行封孔,并在第二天安装压力表。待测压孔压力基本上升稳定以后对3#抽采孔进行抽采,观测压力表随抽采时间的变化情况。经过综合分析得出抽采时间和抽采半径的关系。

表 5-7　抽采半径测定钻孔参数

钻孔	1#	2#	3#	4#	5#
方位角(°)	280	280	280	280	280
倾角(°)	47	47	47	47	47
岩孔长(m)	18	18.5	19.0	19.5	20.0
煤孔长(m)	1.52	2.28	2.28	3.04	3.04

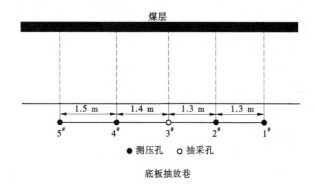

图 5-24　抽采半径测试钻孔布置

在 4 个穿层压力孔压力都上升较为稳定后,9 月 22 日,将 $3^{\#}$ 钻孔连接抽采管路进行抽采,并对 $3^{\#}$ 钻孔的抽采流量、浓度等参数进行观测,得到的数据见图 5-25。

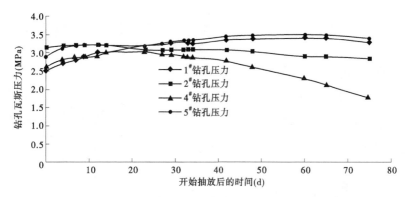

图 5-25　抽采半径测定压力观察孔压力值随抽采时间的变化规律

从图 5-25 可以看出:在抽采以后,距离抽采孔越近,抽采影响的强度越大。$2^{\#}$、$4^{\#}$ 钻孔压力下降速度明显大于 $1^{\#}$、$5^{\#}$ 钻孔。$3^{\#}$ 孔的抽采对周边的 4 个钻孔开始影响的时间不同,对 $2^{\#}$、$4^{\#}$ 钻孔开始影响的抽采时间相同,对 $1^{\#}$、$5^{\#}$ 钻孔开始影响的抽采时间相同。$2^{\#}$、$4^{\#}$ 钻孔都是在抽采第 23 天的时候压力值出现下降,而 $1^{\#}$、$5^{\#}$ 钻孔都是在抽采第 48 天的时候开始稳定在最高值附近,在抽采第 65 天的时候压力值开始慢慢下降。将 2#、4#钻孔的抽采影响半径平均,得出抽采时间在第 23 天的时候影响半径为 1. 35 m,将 1#、5#钻孔的抽采影响半径平均,得出抽采时间在 65 天的时候影响半径为 2. 75 m。

(2)穿层钻孔水力割缝后卸压范围的研究。

穿层钻孔水力割缝对周围煤体的卸压范围研究主要通过水力割缝钻孔对测压孔压力值的影响来分析,并和未进行水力割缝措施的钻孔抽采半径的对比得出其水力割缝效果。

为进行水力割缝卸压范围的考察,在未进行水力割缝之前,在 13# 钻场施工 1-1#穿层测压钻孔作为观察孔。水力割缝开始后,设计水力割缝 1#钻孔与观察孔终孔位置距离 6 m,钻孔施工参数见表 5-2。使用 CAD 三维绘图软件绘制两个钻孔的位置关系见图 5-26,得出其实际终孔距离为 6. 1 m。

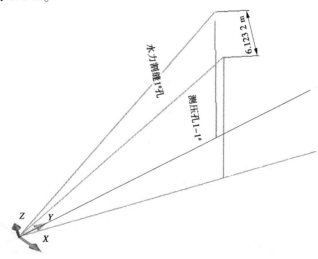

图 5-26　水力割缝 1#钻孔和 1-1#测压孔的位置关系

10 月 19 日水力割缝 1#钻孔切割完毕以后,对观察孔的压力进行观测,所得数据见表 5-8。

为排除其他水力割缝钻孔的影响,将水力割缝 1#钻孔开始切割前的时间段内的观察孔压力变化情况绘成图 5-27。

表 5-8　水力割缝卸压范围测压孔压力变化情况

时间 （年-月-日）	2013- 10-19	2013- 10-21	2013- 10-24	2013- 10-25	2013- 10-26	2013- 10-27	2013- 11-09	2013- 12-06
测压孔 1-1[#] 压力（MPa）	1.71	1.6	1.53	1.51	1.5	1.49	1.3	1.25

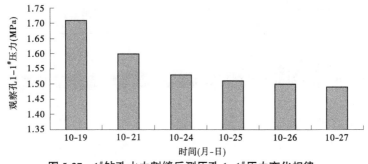

图 5-27　1[#]钻孔水力割缝后测压孔 1-1[#]压力变化规律

通过表 5-8 和图 5-27 可以看出,在间距 6 m 的情况下水力割缝对周围煤体的卸压增透效果依然强烈,在 10 月 19—27 日的时间段内,观察孔的压力值从 1.71 MPa 降低到 1.49 MPa,降低了 0.22 MPa;但随着时间的推移,观察孔的压力值降低速度在下降。

水力割缝 1[#]钻孔在割缝时钻孔出煤量大约 1.8 t,在未进行抽采的情况下,仅仅通过水力割缝卸压增透措施就能够达到影响 6 m 的初始卸压范围,其卸压增透效果远远高于未进行水力割缝的情况。而如果按照瓦斯压力下降 10% 的标准,随着钻孔瓦斯抽采时间的增加,其抽采影响半径应远高于 6 m。

5.4.4　进退式水力割缝对煤层卸压增透效果研究

5.4.4.1　试验钻孔介绍

井下试验地点为坦家冲煤矿 216 采区 -150 北石门。其中,一组 6[#]孔开孔位置及终孔标高与三组 15[#]孔比较接近(钻孔参数见表 5-9),且这两个孔周围的抽采钻孔及水射流措施孔分布状况近似,即这两个孔周围条件类似,且均为上行孔,用来考察不同割缝工艺效果的区别,排除了周围影响因素。

表 5-9　水力割缝钻孔参数

孔号	孔径 (mm)	方位角 (°)	倾角 (°)	岩孔 (m)	煤孔 (m)	合计 (m)	割缝压力 (MPa)
6#	87	87	28	12	19	31	10
15#	87	94	30	11	20	31	10

15#孔是退钻过程中进行割缝作业,从煤层顶板附近开始往下直至煤层底板;6#孔是钻头打进煤层即开始割缝作业,并不断往里深入直至煤层顶板。

从 6#孔和 15#孔高压水射流割缝作业工况可以发现,两孔均采用割缝一次后前进或者后退 2 m,然后第二次割缝的方式。每次割缝的时间根据从钻孔涌出的水煤渣量来确定,自割缝开始从钻孔冲出少量水煤渣,到水煤渣大量涌出,直至水煤渣涌出变小、稳定,一次割缝作业结束,再进行钻进或者退钻 2 m 后进行第二次割缝作业,直至整个钻孔的煤孔割缝完毕。进、退式割缝工艺见图 5-28。

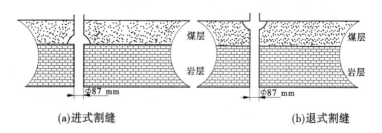

(a)进式割缝　　　　　　　　　　　　(b)退式割缝

图 5-28　进、退式割缝工艺

5.4.4.2　进、退式割缝效果分析

进、退式割缝工艺效果对比见表 5-10。

表 5-10　进、退式割缝工艺效果对比

孔号	水射流时间 （min）	割缝次数 （次）	巷道最大瓦斯浓度（%）	喷孔次数 （次）	喷孔总时间 （min）	出水煤量 （车）
6#	150	9	8.0	4	5	25
15#	90	9	1.2	1	0.5	6

从表 5-10 可以看出，进式割缝作业的 6#孔平均每次割缝时间为 17 min，退式割缝作业的 15#孔平均每次割缝时间 10 min。两孔的割缝时间存在明显差异，且喷孔次数及喷孔持续时间同样是进式割缝作业的 6#孔要大很多，喷孔发生时导致的巷道瓦斯超限，最大浓度 6#孔的 8.0%要远高于 15#孔的 1.2%。

由于割缝作业期间对割缝钻孔喷出瓦斯的抽采密封措施不严实，导致瓦斯喷出直接涌向巷道，巷道瓦斯浓度随着割缝作业的进行出现上升、下降趋势，并以此对割缝作业释放煤层内部瓦斯的效果进行考察。进、退式割缝钻孔割缝期间巷道瓦斯浓度实时监测见图 5-29。

15#孔从 11:30 开始割缝作业，中间割缝 9 次，14:40 结束，中间瓦斯超限时停止作业，总割缝时间为 90 min，其余时间为检修及清理巷道水煤渣等。整个割缝作业期间巷道瓦斯浓度从 0.18%左右极速上升，割缝期间巷道平均瓦斯浓度达 0.75%，大大释放了煤层内部瓦斯，出现一次喷孔，导致瓦斯超限。

6#孔从 11:00 开始割缝作业，15:30 结束，中间瓦斯超限时停止作业，总割缝时间为 150 min，其余时间为检修及清理巷道水煤渣等。根据现场观察，喷孔 4 次，且最大一次喷孔导致瓦斯超限时间长达 4 min，巷道瓦斯浓度居高不下，可知随着钻割的进行，煤层内部瓦斯大规模涌出。

钻孔割缝结束后连接抽采管路进行瓦斯抽采，15#孔与 6#孔抽采流量分别为 0.031 m³/min、0.181 m³/min，进式割缝孔的抽采流量远大于退式割缝孔，两孔瓦斯抽采浓度如图 5-30 所示。

其中 15#孔拟合的线性曲线斜率绝对值为 3.197 2，6#孔拟合的斜

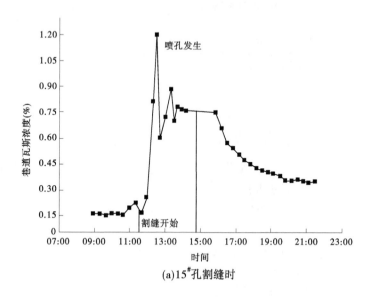

(a)15#孔割缝时

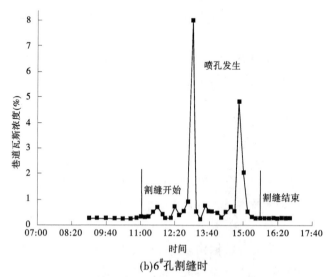

(b)6#孔割缝时

图 5-29 进、退式割缝钻孔割缝期间巷道瓦斯浓度实时监测

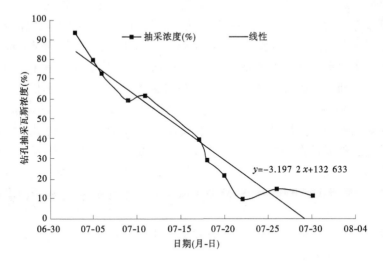

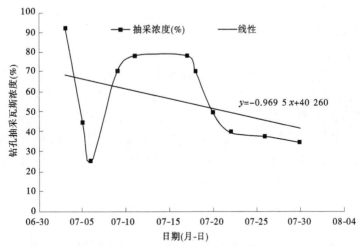

图 5-30 割缝钻孔瓦斯抽采浓度变化

率绝对值 0.969 5,说明 15#孔瓦斯衰减速度远大于 6#孔瓦斯衰减速度,且平均浓度也相对较小。

5.4.4.3 割缝工艺分析

6#孔与 15#孔周围条件相似,所处煤层情况相近,分别采用进、退式割缝方式进行卸压增透作业,以钻孔涌出的水煤渣量的情况确定一次割缝作业的周期。进式作业的 6# 孔水射流时间差不多为退式作业的 15# 孔的 2 倍,涌出的水煤渣量更是超过了其 4 倍,喷孔持续时间同样超出了很多,巷道最大瓦斯浓度远大于 15# 孔。可见,即使是在相同作业环境和煤层赋存条件下,采用进、退式割缝作业其效果大不相同。

(1)直观来看,虽然进式割缝作业能冲出煤层内部更多的煤量,使瓦斯涌出规模更加庞大,卸压增透效果明显,但是瓦斯持续超限,增加了割缝作业地点的危险性,对作业要求更高,割缝期间的管理难度更大,急需对割缝作业期间的割缝钻孔执行实时抽采,工艺要求较高。

(2)退式割缝作业同样能冲出煤层内部足量的煤量,瓦斯涌出也不小,且割缝结束后同样大大提高了该钻孔的瓦斯流量及浓度,只是割缝作业期间涌出的瓦斯没有进式割缝作业来的明显,便于管理,对割缝钻孔实时抽采工艺要求不高。

(3)从施工钻孔抽采瓦斯流量浓度来看,进式的明显大于退式的,且衰减速度更慢,单纯从卸压增透抽采瓦斯角度来看,进式割缝作业要优于退式割缝作业。

(4)限于在坦家冲煤矿极厚煤层石门进行的高压水射流割缝技术,煤层厚度极大,瓦斯含量极高,采用退式割缝作业工艺比较好,便于管理,同时也能达到预期效果。在突出危险性大、透气性极低、煤层较薄的条件下,采用进式割缝作业能大大提高煤层透气性,冲出大量煤体,卸压增透效果更加明显。因此,要根据矿井煤层具体赋存情况选择不同的割缝作业方式,以达到最好的安全效果。

5.4.5 水力割缝区域快速消突效果考察

依据相关规定,对实施水力割缝的石门和工作面区域进行消突效果考察。本次主要对坦家冲煤矿 216 采区 -150 北石门进行区域防突、快速消突效果考察。

5.4.5.1 石门揭煤区域"四位一体"

1. 区域突出危险性预测

当石门揭煤工作面掘进至距煤层最小法向距离 10 m 时(如果是

地质构造复杂、岩石破碎的区域,则要求在距煤层最小法向距离 20 m 之前),在石门轮廓线外 10 m 的外圆上施工 3 个呈等边三角形的穿透煤层全厚,且进入顶(底)板不小于 0.5 m 的前探兼瓦斯压力或瓦斯含量测定钻孔(见图 5-31),以保证能够确切地掌握煤层厚度、倾角的变化、地质构造和瓦斯压力或瓦斯含量等。

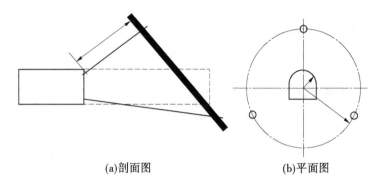

(a)剖面图　　　　　　(b)平面图

图 5-31　石门揭煤工作面瓦斯含量(压力)测孔布置示意

石门揭煤工作面的瓦斯突出危险性,根据瓦斯压力或瓦斯含量测值,按如下方式来判断:

(1)瓦斯压力 $P<0.74$ MPa 或者瓦斯含量 $W<8$ m³/t,揭煤工作面无突出危险;

(2)瓦斯压力 $P\geqslant0.74$ MPa 或者瓦斯含量 $W\geqslant8$ m³/t,揭煤工作面有突出危险。

2. 区域防突措施

当石门揭煤工作面经预测有瓦斯突出危险性时,应采用穿层钻孔预抽作为石门揭煤工作面区域防突措施。

在采取穿层钻孔预抽区域防突措施时,必须遵守如下要求。

(1)应当在揭煤工作面距煤层的最小法向距离 7 m 以前(在构造破坏带应适当加大距离)实施。

(2)钻孔的最小控制范围:石门和立井、斜井揭煤处巷道轮廓线外 12 m,同时保证控制范围的外边缘到巷道轮廓线(包括预计前方揭煤段巷道的轮廓线)的最小距离不小于 5 m,当钻孔不能一次穿透煤层全厚时,应当保持煤孔最小超前距离为 15 m。

(3)预抽煤层瓦斯钻孔应当均匀布置在整个预抽区域内,钻孔孔底间距应当根据实际考察的煤层有效抽放半径确定;如无实际考察数据,可取有效抽放半径 1.5 m,即钻孔孔底间距取 3 m。

(4)预抽瓦斯钻孔封堵必须严密,穿层钻孔的封孔段长度不得小于 5 m。

(5)应当做好每个钻孔施工参数的记录及抽采参数的测定;钻孔孔口抽采负压不得小于 13 kPa;预抽瓦斯浓度低于 30%时,应当采取改进封孔的措施,以提高封孔质量。

3. 区域防突措施效果检验

依据相关规定,在采用残余瓦斯压力或残余瓦斯含量指标对穿层钻孔、顺层钻孔预抽煤巷条带煤层瓦斯区域防突措施和穿层钻孔预抽石门(含立、斜井等)揭煤区域煤层瓦斯区域防突措施进行检验时,必须依据实际的直接测定值。

对穿层钻孔预抽石门(含立、斜井等)揭煤区域煤层瓦斯区域防突措施,可以参照相关规定采用钻屑瓦斯解吸指标法进行效果检验。

当石门揭煤工作面采取穿层钻孔预抽区域防突措施一段时间后,可按照如下步骤采用钻屑瓦斯解吸指标法对区域防突措施进行效果检验。

(1)在预抽钻孔之间至少布置 4 个检验孔,分别位于要求预抽区域的上部、中部和两侧,并且至少有 1 个检验测试点位于要求预抽区域内距边缘不大于 2 m 的范围,如图 5-32 所示。

(2)当钻孔钻进煤层时,每钻进 1 m 采用压风排粉方式采集一次孔口排出的粒径 1~3 mm 的煤钻屑,测定其瓦斯解吸指标 Δh_2 或 K_1 值。测定时,应考虑不同钻进工艺条件下的排渣速度。

(3)各煤层石门揭煤工作面钻屑瓦斯解吸指标的临界值应根据试验考察确定,在确定前可暂按表 5-11 中所列的指标临界值预测突出危险性。

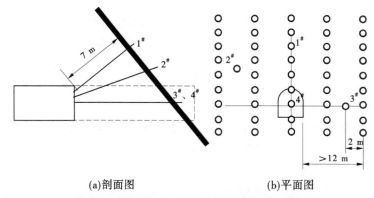

(a)剖面图　　　　　　　(b)平面图

图 5-32　石门揭煤工作面效果检验钻孔布置示意

表 5-11　钻屑瓦斯解吸指标法预测石门揭煤工作面突出危险性参考临界值

煤样	Δh_2 指标临界值(Pa)	K_1 指标临界值[mL/(g·$min^{0.5}$)]
干煤样	200	0.5
湿煤样	160	0.4

（4）对于干煤样，如果 Δh_2<200 Pa 或 K_1<0.5 mL/(g·$min^{0.5}$)，则措施有效，揭煤工作面已消除突出危险性，否则措施无效。

（5）对于湿煤样，如果 Δh_2<160 Pa 或 K_1<0.4 mL/(g·$min^{0.5}$)，则措施有效，揭煤工作面已消除突出危险性，否则措施无效。

（6）检验期间还应当观察、记录在煤层中进行钻孔等作业时发生的喷孔、顶钻及其他突出预兆。喷孔是公认的直接预示着有突出危险的现象，可直接用于区域防突措施的效果检验。顶钻现象也在相当程度上代表了突出危险性，而煤炮等现象也可作为辅助判断的参考。

如果经效果检验证明区域措施有效，可以转入区域验证环节；否则，需要继续延长预抽时间，直至经效果检验证明措施有效后才允许转入区域验证环节。

如果经效果检验证明措施有效，可以掘进至距煤层最小法向距离5 m 处；否则，需要继续延长预抽时间，直至经效果检验证明措施有效后才允许掘进至距煤层最小法向距离 5 m 处。

4. 区域验证

对于经区域预测为无突出危险或通过采取区域防突措施并经效果检验转化为无突出危险的石门揭煤工作面,必须采用石门揭煤工作面突出危险性预测方法进行区域验证,区域验证应当在揭煤工作面距煤层的最小法向距离 5 m 以前(在构造破坏带应适当加大距离)实施。

区域验证可按照如下步骤进行:

(1)在揭煤工作面按照如图 5-33 所示布置 4 个区域验证钻孔,分别位于揭煤地点的上部、中部和两侧,两侧钻孔对称布置。

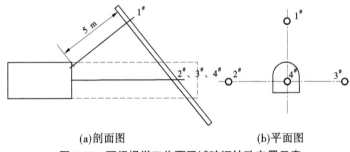

(a)剖面图　　　　　　　　　(b)平面图

图 5-33　石门揭煤工作面区域验证钻孔布置示意

(2)当钻孔钻进煤层时,每钻进 1 m 采用压风排粉方式采集一次孔口排出的粒径 1~3 mm 的煤钻屑,测定其瓦斯解吸指标 Δh_2 或 K_1 值。

(3)各煤层石门揭煤工作面钻屑瓦斯解吸指标的临界值应根据试验考察确定,在确定前可暂按表 5-11 中所列的指标临界值预测突出危险性。

(4)对于干煤样,如果 $\Delta h_2 < 200$ Pa 或 $K_1 < 0.5$ mL/$(g \cdot min^{0.5})$,则区域验证为无突出危险工作面。

(5)对于湿煤样,如果 $\Delta h_2 < 160$ Pa 或 $K_1 < 0.4$ mL/$(g \cdot min^{0.5})$,则区域验证为无突出危险工作面。

如果经区域验证为无突出危险工作面,可以在采取安全防护措施下开始揭煤施工;否则,该揭煤工作面应当立即停止作业,执行局部综合防突措施。

5.4.5.2　坦家冲煤矿 216 采区-150 北石门揭煤消突效果分析

坦家冲煤矿隶属于湖南省煤业集团红卫矿业有限公司,该矿以瓦斯高、突出非常严重而闻名全国。自 1966 年建矿以来,共发生煤与瓦斯突出 497 次,最大的一次突出煤量达 4 500 t,涌出瓦斯 138.5 万 m^3。

由表 5-12 知,坦家冲煤矿 6 煤层透气性极差,钻孔流量衰减系数大,属于极难抽放煤层。在实施水力割缝、联网预抽 3 个月后,采用残余瓦斯压力和钻屑解吸指标法对消突效果进行了考察,具体数据见表 5-13。

表 5-12　坦家冲煤矿 6 煤层瓦斯参数

序号	参数名称	单位	测定结果
1	煤层透气性系数	$m^2/(MPa^2 \cdot d)$	0.002 242 ~ 0.037 755
2	钻孔流量衰减系数	d^{-1}	0.472 7 ~ 0.936 1
3	煤层瓦斯含量	m^3/t	18.38
4	煤层绝对瓦斯压力	MPa	1.62

注:该数据来自 2008 年坦家冲煤矿 6 煤层瓦斯基础参数测定报告。

表 5-13　坦家冲煤矿 6 煤层割缝前后瓦斯参数变化对比

名称	煤层瓦斯压力 $P(MPa)$		钻屑瓦斯解吸指标 $K_1[mL/(g \cdot min^{0.5})]$			
割缝前	1.51	1.42	0.52	0.63	0.56	0.71
割缝后	0.60	0.56	0.30	0.31	0.29	0.27

注:据有关规定,煤层瓦斯压力 $P<0.74$ MPa,或者 $K_1<0.5$ mL/$(g \cdot min^{0.5})$,则区域验证为无突出危险工作面。

坦家冲煤矿以往揭煤以常规穿层钻孔预抽为主。一般 10 m^2 的断面需施工 150 余个钻孔,联网抽采 2 年以上才能实现消突,费工又费时,严重影响着矿井的经济效益。通过该次试验,分析总结了水力割缝快速消突揭煤措施的独特优越性:

(1)卸压范围较普通钻孔增大了 4~5 m;

(2)煤层间的瓦斯流动通道增大,瓦斯得以迅速抽出;

（3）石门揭煤施工钻孔数量大大减少；

（4）消突时间为 3 个月，较以前的 2 年缩短了 8 倍。

5.4.5.3　结论

（1）高压水射流割缝技术对极厚、高瓦斯、低透气性煤层能冲出煤层内部煤体，诱发喷孔，大面积扰动钻孔周围煤体，释放大量瓦斯，卸压增透效果明显，大大提高了钻孔瓦斯抽采量。

（2）进式割缝工艺能大规模地扰动内部煤体，冲出大量煤渣，导致大规模瓦斯喷孔、超限，适于煤层较薄、透气性极低、突出危险性大的煤层，整体卸压增透效果有效，瓦斯喷孔更为严重，瓦斯超限及割缝作业不容易控制。

（3）退式割缝工艺较进式割缝工艺的扰动规模要小，适合于煤层厚度大、瓦斯含量高的煤层，不仅可以达到卸压增透、增大钻孔瓦斯抽采量的目的，同时割缝作业便于管理，瓦斯超限容易控制，较为"温和"。

（4）水力割缝能够实现快速区域消突，在实施了水力割缝措施后，石门揭煤瓦斯预抽时间由原来的 2 年缩短为 3 个月。

（5）即使在同一矿井的同一煤层，也可以根据现场煤层赋存及突出危险性等因素实时调节进、退式割缝工艺的配合，使之达到最佳的安全技术措施效果。

5.5　本章小结

通过对煤层实施水力割缝措施，煤体卸压、膨胀变形，煤体透气性大为增加，钻孔瓦斯涌出量及抽采率成倍地增加，极大程度地消除了突出煤层的突出危险性。

（1）在水力割缝过程中，通过安装瓦斯钻、抽、排一体化装置，瓦斯抽采效率可以达到 80% 左右，很好地解决了钻孔喷孔、大量瓦斯涌出造成巷道工作面瓦斯超限的问题。

（2）喷嘴直径的选择原则：在喷孔不严重、排渣顺利的情况下，可以减小喷嘴直径，而在喷孔严重、存在卡孔的情况下，可以增大喷嘴直径。因为直径越小,喷嘴出水量越小,水力割缝威力越大,出渣越多,但排渣能力减弱,现场施工中可以根据喷孔强弱和排渣情况合理选择喷嘴直径。通过现场试验,得出对于坚固性系数在0.2左右的煤体,径向喷嘴直径在3~4 mm能较好地进行卸压增透作业。

(3)随着钻孔瓦斯喷孔而形成集中式瓦斯涌出,释放大量瓦斯,从而达到短期瓦斯涌出高峰,随后逐渐下降。

(4)水力割缝过程中,钻孔的瓦斯涌出量有很大程度的升高,水井头煤矿最高瓦斯涌出量达到2.6 m^3/min,为正常情况的5倍以上,坦家冲煤矿最高瓦斯涌出量达到9.6 m^3/min,为正常情况的19倍。

(5)采取水力割缝措施后,单个钻孔瓦斯抽采流量会有较大幅度的增加,增加幅度2~10倍。

(6)普通钻孔在抽采65 d时其抽采影响半径为2.75 m,而水力割缝钻孔在采取水力措施后即使未抽采的情况下,卸压范围已达到了6.1 m,为普通钻孔抽采影响半径的2.22倍,水力割缝钻孔在抽采状态下的卸压影响半径将远超过普通钻孔的2.22倍。

第 6 章　煤层水力疏松局部快速消突技术试验研究

6.1　引　言

目前,在高瓦斯煤矿中,最普遍的局部防突措施是超前排放钻孔,但这种方法对一些低渗透矿体而言,存在速度慢、工程量大和校检超标率高等缺点,因此难以取得较好的防突效果。如前所述,水力化快速消突措施的应用对这类矿体的瓦斯突出有很好的防治效果,因此很多矿山都在开展水力化消突措施的研究和应用。

水力疏松和水力压裂的原理类似,但两者间也存在着一些差异:

(1)水力疏松技术是从水力压裂技术发展而来的,二者都是在煤巷工作面施工若干钻孔向煤层注水,但在注水压力方面,水力疏松的压力要远小于水力压裂的压力。在残余弹性变形地点,水力压裂的临界压力要高于煤体的静压力,而水力疏松并不需要,从而达到这么高的压力。

(2)水力疏松的封孔深度较小(3~4 m),其目的在于通过中高压注水(几到几十兆帕),使煤体中的裂隙张开、挤出煤体、湿润煤体,从而达到防止煤与瓦斯突出;水力压裂的封孔深度较大(8 m以上),目的是通过高压注水(几百兆帕),使工作面深部煤体在水压的作用下发生张裂,产生水平和纵向的裂隙,提高煤层的渗透性。

湖南省马田矿业有限公司爱和山煤矿是一家典型的高瓦斯、强突出煤矿,面临着非常严峻的防突压力,但常规的瓦斯抽采效果不明显。为此,利用水力疏松消突技术在此矿山开展试验,力求为改善该矿山的防突效果提供一种安全、高效、实用的方法和措施。

6.2 试验采区概况

6.2.1 矿山总体情况简介

爱和山煤矿是湖南省的国有重点煤矿,也是马田矿业有限公司下属的一个重要煤矿。资料显示,该煤矿井田走向长约 2.8 km,倾斜宽 1.5 km,面积约 4.2 km^2。截至 2006 年底,爱和山煤矿保有资源储量 847.1 万 t,累计可采储量 520.7 万 t。爱和山煤矿矿井设计生产能力为 21 万 t/a。

煤层赋存情况为煤层地层属上二叠系龙潭组,厚 298 m,分上下两段。上段含煤组厚 133 m,下段不含煤段厚 165 m。可采煤层均为高变质无烟煤,灰黑色或黑色,具玻璃光泽至金属光泽,性较脆,多滑面,其原生结构受构造应力作用大多被破坏而呈粉状或重胶结的碎块状,局部可见条带状及透镜状原生结构,具参差状断面。目前主要开采 6 煤层,其煤质为:干基灰分(Ad)24.22%,挥发分(Vdaf)7.87%,含硫量 0.47%,发热量 5 821 kcal/kg,分析水分(Mad)3.37%,属优质的无烟煤,是优质的动力和民用煤。

该矿属于煤与瓦斯突出矿井,开采煤层为 6 煤层,倾角 20°~80°,平均倾角在 60°以上,属急倾斜煤层,煤厚在 0.36~10.96 m,平均煤厚为 2.65 m,所有煤巷均是沿顶板布置。现行采煤方法为水平分层条带式采煤,爆破落煤,崩落顶板,管理地压。

6.2.2 矿井瓦斯涌出情况

2003—2007 年,爱和山煤矿矿井瓦斯涌出情况如表6-1所示。

表6-1 矿井瓦斯涌出情况

年度	2003	2004	2005	2006	2007
绝对量(m³/min)	9.44	8.7	无	6.29	6.04
相对量(m³/t)	135.8	135.79	无	86.5	89.2

该矿属于严重的煤与瓦斯突出矿井。根据矿井历年事故统计,共发生煤与瓦斯突出 373 次,总突出煤量 30 190 t,最大突出强度 1 021 t/次,平均突出强度 80.9 t/次。

6.2.3 试验采区及工作面的基本情况

366 采区是本次试验选定的采区,试验巷道选择 -115 m、-120 m 平巷,垂深 290 m,该巷道地质构造复杂,在试验地点距工作面煤壁 1 m 和 2.5 m 处,底板有落差分别为 0.2 m 和 0.5 m 的小断层,底板倾角 52°,顶板坡度 68°,煤层厚度 1~3 m,平均厚 2 m。工作面为上宽下窄不规则断面,木支架支护,棚梁两边抬挤角枦,竹搭子背棚背帮。瓦斯涌出量大;钻屑量 S_{max} 和钻屑解吸指标 Δh_2 值严重超标,卡钻、喷孔十分严重。

本试验区煤层硬度系数 f 为 0.2,放散初速度 ΔP 为 24,水分 M_{ad} 为 0.52%,容重 γ 为 1.5 t/m³,孔隙率 K 为 5%,瓦斯含量 X 为 15.6 m³/t,钻孔流量衰减系数为 0.217 d⁻¹,瓦斯压力为 1.02 MPa。

实施水力疏松措施前,主要采用超前钻孔和瓦斯抽放,防突效率低,掘进速度慢(17 m/月),采掘接替严重失调。

爱和山煤矿 366 采区系统如图 6-1 所示。

目前,爱和山煤矿在煤巷掘进工作面采用"四位一体"的防治突出措施,其中的消突措施主要为钻孔自然排放或瓦斯抽放,尽管这两项措施对消除煤与瓦斯突出有一定的效果,但因钻孔工程量大、需要时间长、效率低,煤巷工作面掘进速度平均约为 17 m/月,有的月份甚至不超过 10 m/月,采掘平衡严重失调。因此,研究一种适合爱和山煤矿的高效、快速消突措施是非常必要的,也是非常有意义的。

6.3 试验方案

水力疏松措施作为一种快速消除煤与瓦斯突出的措施,对于爱和山煤矿 366 采区的单一可采严重突出煤层非常适用。

水力疏松措施的基本原理是在进行采掘工作之前,在突出危险煤

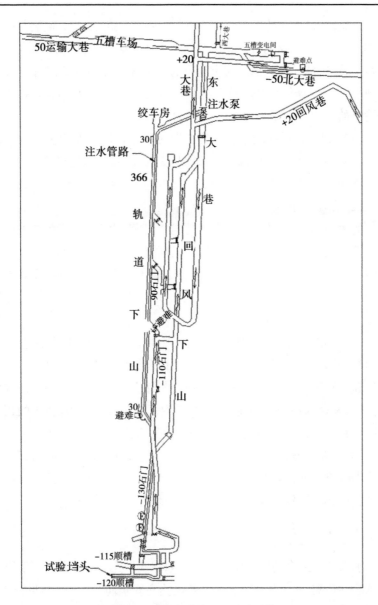

图 6-1　爱和山煤矿 366 采区系统

层中,通过 φ42 mm 的小直径钻孔进行远距离中高压注水,破裂并挤出煤体,从而使近工作面煤体卸压并释放大量瓦斯,改变近工作面煤体的不稳定状态,从而达到消除突出的目的。也就是说,水力疏松全面作用于地应力、瓦斯压力和煤的机械物理性质 3 个因素。水力疏松措施快速消突的原理为:

(1)采取水力疏松措施后,其工作面前方煤体内部应力发生二次分布,集中应力带一般向煤体深部前移 2 m 左右,从而使得整个卸压带长度增加,其直接效应就是瓦斯突出的抵抗阻力显著增加。

(2)在煤体中注入高压水,这些水在离层过程中会产生类似于润滑剂的效果,导致煤体从弹性向塑性转变,从而导致工作面附近的煤体的弹性潜能得到部分释放,实现降低瓦斯突出的目的。同时,当高压注水停止,煤体内部的水流动停止后,水的黏结作用开始出现,尤其是对破碎煤岩体而言,水的这种黏结作用事实上增强了煤体的整体性和稳定性。

(3)在水力疏松的过程中,受到水力扰动影响的煤体势必会因为力的扰动而产生变形和位移,导致煤体内部结构出现改变,即微裂隙的产生和原有裂隙的进一步发展,煤体透气性也随之增强,瓦斯释放的效率变高,瓦斯涌出量会显著增加,巷道内瓦斯浓度升高,煤体中的瓦斯内能得到释放,极大地减小了瓦斯突出的可能性。

(4)水进入煤体孔隙后,封闭了瓦斯流动通道,降低了游离瓦斯在煤体中的流动速度和吸附瓦斯的解吸速度。瓦斯放散初速度 ΔP 下降,突出危险性降低。同时开采过程中瓦斯的渗出量减少。

6.3.1　水力疏松综合防突试验工艺流程

水力疏松综合防突试验工艺流程如图 6-2 所示。防突措施采用突出危险性预测、防突措施、措施效果检验和安全防护措施"四位一体"的综合防突技术思路。即首先进行掘进工作面突出危险性预测,当预测为无突出危险工作面时,留出预测超前距,直接采用远距离放炮等安全防护措施进行掘进作业;预测工作面有突出危险时,采取水力疏松消突措施,之后进行效果检验,措施效果检验有效后,留出效果检验超前距,采用远距离放炮等安全防护措施进行掘进作业。

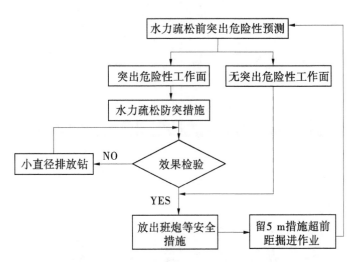

图 6-2 水力疏松综合防突试验工艺流程

6.3.2 水力疏松试验施工工艺

水力疏松试验施工工艺流程包括钻孔施工和煤层注水两个主要环节。

(1)钻孔施工。

如图 6-3 所示,用煤电钻在煤巷掘进工作面正前方布置 2~3 个 ϕ42 mm、深 8~10 m 的钻孔。

(2)煤层注水。

煤层注水按如下的流程进行:首先采用特制的封孔器封住注水钻孔,然后用注水泵进行高压注水,当注水压力达到试验值后终止注水。

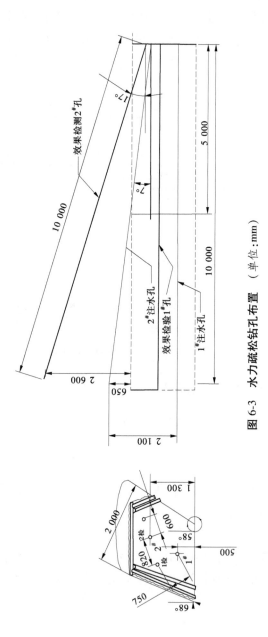

图 6-3　水力疏松钻孔布置　（单位：mm）

6.3.3　试验设备

水力疏松措施设备主要为注水系统。注水系统由注水泵、水箱、压力表、控制阀、高压管路和封孔器(见图 6-4)等组成,注水系统布置及设备安装连接如图 6-5 所示。根据水力疏松实践经验,注水泵选用额定压力为 20 MPa、额定流量为 100 L、水箱容积 2 m^3 的乳化液泵。

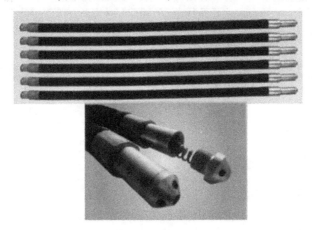

图 6-4　水力封孔器

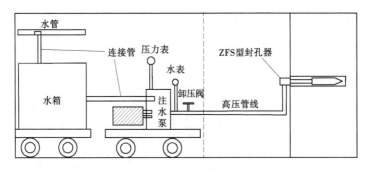

图 6-5　注水系统布置示意

注水泵安装有压力表、水表及卸压阀等附件,高压管路选用 1 寸高压胶管,为便于对每个注水孔进行控制,管路敷设趟数和注水孔数相同。水力疏松所需设备详见表 6-2。

表 6-2　水力疏松所需设备清单

设备名称	型号	单位	数量
注水泵	5D-2	台	2(1 台备用)
水箱	—	个	1
自动封孔器	ZF	套	15(根据实际需求采购)
高压管	ϕ15 mm	m	600×3
阀门	—	只	5
压力、水量表	DC	台	2
电煤钻	SDZ-16	台	2(1 台备用)
螺旋钻杆	ϕ42 mm	m	30

6.3.4　试验参数确定

水力疏松消突措施关键工艺参数包括钻孔深度、封孔深度、钻孔布置方式和钻孔数量、注水压力等,这些参数的选择确定,直接影响到注水的最终结果。实践证明,合理的注水参数能够取得较好的水力疏松效果。

6.3.4.1　合理注水钻孔深度

注水钻孔深度的确定应当综合考虑防突、掘进施工要求和现有技术条件。

(1)从水力疏松超前卸压防突技术原理角度,注水的目的是削弱或者解除掘进工作面前方的应力集中,加大卸压带长度,增强抗击突出的阻力。因此,注水孔的长度越长越好,至少应达到或超过掘进工作面前方应力集中带。

(2)根据《煤矿安全规程》中关于允许进尺量和措施孔超前距的规定,结合《煤矿瓦斯灾害防治及利用手册》的有关内容和煤矿掘进施工正规循环的要求,为了避免注水钻孔过深导致注水时间延长、影响措施效果,钻孔深度应少于 5 m,工作面前方留 5 m 的安全煤柱后,没有掘进距离。通常注水钻孔深度最小距离为：一个圆班掘进进尺 La 加上 5 m 的措施孔超前距，即 $L=La+5$ (m)；同时考虑利用突出危险性预测钻孔或效检钻孔规定的深度，可以减少打钻施工时间，提高工作效率，注水孔深度选择不小于 8 m，不大于 10 m。根据爱和山煤层的条件和作业方式，确定合理注水孔深度为 10 m。

6.3.4.2 合理封孔深度

确定封孔深度应当考虑以下 3 个方面的问题：

(1)注水孔封孔深度必须超过充分卸压带宽度。

(2)如果封孔段小于上一轮超前钻孔的深度，高压水通过煤层裂隙串入到原来残孔，水压升不上，注水进入不到煤体内，达不到卸压和消突效果。

(3)封孔位置超过应力集中带。

基于以上分析，注水孔封孔深度必须超过完全卸压带，但不能超过应力集中带应力峰值较远的位置。一般为卸压半径或湿润半径的 2 倍。

结合爱和山煤矿 366 采区-115 掘进工作面前方煤体的"三带"分布，且便于封孔器的安装和回收，确定合理封孔深度为 5~5.5 m。

6.3.4.3 注水孔有效影响半径的测定

注水孔有效影响半径的测定过程包括：

(1)在掘进工作面前方用电煤钻打 2 个直径 42 mm、长度 10 m 的注水钻孔，1 个为水平煤孔，一个为仰角 7°的倾斜钻孔。打钻过程中，每进尺 1 m 测定钻孔钻屑量 S，每进尺 2 m 测定钻屑解吸指标 Δh_2，并观察煤屑湿润程度。

(2)以注水压力 18 MPa 对钻孔注水，每个钻孔注水量 1.2~1.3 t，在总注水量达到 2.2~2.6 t 的条件下进行检测。

(3)对注水煤体按图 6-3 所示位置打 $1^{\#}$、$2^{\#}$ 检测孔，根据检测孔每米分段测得的钻屑量 S 和钻屑解吸指标 Δh_2 及湿润范围确定注水钻孔的纵向和横向注水有效范围。测试结果如表 6-3~表 6-6 所示。影响范围如图 6-6 所示，湿润半径和范围如图 6-7 所示。

表 6-3　注水有效影响范围测定结果(纵深方向)

项目	钻屑量 S(kg/m)								
孔深(m)	2	3	4	5	6	7	8	9	10
1#注水孔	3	2.7	4	6	6	8	10	10	10
1#检测孔	3.4	3.5	3.7	3.7	3.7	3.5	煤浆 (没法取屑)		
掘进 3 m 后纵深检测结果									
1#检测孔	3	3.4	3.2	3.7	3.6	3.7	3.7	6	6.4

表 6-4　注水有效影响范围侧向测定结果

项目	钻屑量 S(kg/m)								
孔深(m)	2	3	4	5	6	7	8	9	10
2#注水孔	2.2	2.4	2.4	2.1	3.6	3.7	3.2	3.4	3.4
2#检测孔	2.0	2.4	2.1	2.1	2.3	2.4	2.8	6	10

表 6-5　注水有效范围测定结果(纵深)

项目	测定地点钻屑解吸指标 Δh_2(Pa)				
孔深(m)	2	4	6	8	10
1#注水孔	100	120	200	240	260
1#检测孔	20	20	40	煤浆水未测	
掘进 3 m 后纵深检测结果					
1#检测孔	30	60	160	280	

表 6-6　注水有效影响范围测定结果(侧向)

项目	测定地点钻屑解吸指标 Δh_2(Pa)				
孔深(m)	2	4	6	8	10
侧向测试孔(上仰)	160	60	40	80	260

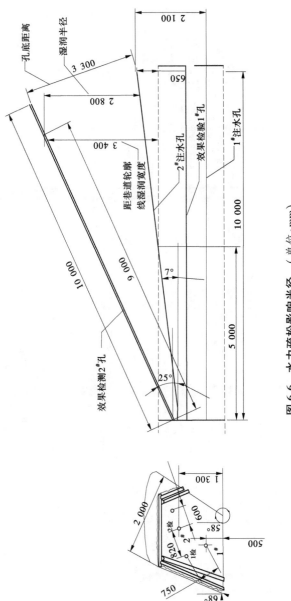

图 6-6　水力疏松影响半径　（单位：mm）

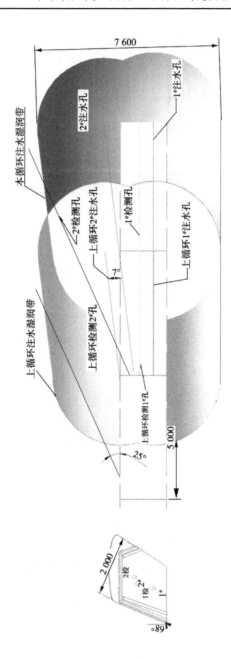

图 6-7　注水湿润半径和范围　（单位：mm）

从表 6-3~表 6-6 和图 6-6、图 6-7 中可看出,注水后钻屑量 S 和钻屑解吸指标 Δh_2 较注水前明显降低;同时,发现注水后,湿润的煤体钻屑量 S 和钻屑解吸指标 Δh_2 一般不会超标,无喷孔等突出动力现象。现场检测表明,湿润带与其他突出指标一致。根据以上分析,注水总量达到 2.2~2.5 t 时,湿润半径和有效影响半径为 2.8 m,当上部钻孔上仰 7°的角度时,上部范围为 3.4 m,纵深可达到 12.8 m。

6.3.4.4　合理布孔数量和布孔方式

布孔必须要考虑到煤层条件、注水孔有效影响范围、巷道断面、防突效果和经济条件等不同因素的影响。根据开展的对注水孔有效影响半径 R 大小的研究,以及多次现场考察,确定在煤层厚 1.8~2 m,煤层倾角大于 45°的条件下,煤平巷可以利用 2 个突出危险性预测钻孔进行煤体注水,完全可以达到快速消突效果。如果煤层增厚、倾角变缓,钻孔数量可随突出危险性预测钻孔增加,即巷道中央打水平钻孔,巷道上部打倾斜钻孔(仰角 7°左右)。若上部钻孔仰角太大,则封孔器回收困难;若仰角太小,上部保护范围变窄,所以要控制在 7°~8°为宜。

6.3.4.5　合理注水压力的确定

1. 原始垂直应力和集中应力

注水压力是煤层注水的主要物理参数。巷道前方原始煤体承受上覆岩层的重量产生的垂直应力为 γH,集中应力一般为原始垂直应力的 2~3 倍,即 $(2~3)\gamma H$,其中煤体上覆岩层的平均容重 γ,要根据工作面钻孔柱状图的统计资料,用加权平均法计算:

$$\gamma = \frac{\sum_{i=1}^{n} \gamma_i h_i}{H} \tag{6-1}$$

式中　γ_i——上覆岩层分层容重,t/m³;

　　　h_i——上覆岩层分层厚度,m。

爱和山煤矿 366 采区-115 探煤巷掘进工作面煤层埋深取 300 m,计算所得平均容重为 2.9 t/m³,由此计算的原始垂直应力 γH 为 8.7 MPa。

2. 破裂注水压力

水力疏松方法在施工注水时,管路的阻力损失不能被忽略,煤岩体破裂压力可由式(6-2)计算。

$$P_b = \lambda\sigma_y + T_0 + P_0 + P_c \tag{6-2}$$

式中　P_b——破裂压力,MPa;

λ——塑性校正系数,如表 6-7 所示;

σ_y——垂直主应力,MPa;

T_0——煤岩体的抗拉强度,MPa;

P_0——孔隙水压力,MPa;

P_c——管路阻力损失,MPa。

表 6-7　相关系数

煤质	坚固性系数 f	塑性校正系数 λ
糜棱煤	<0.30	0.29
碎粒煤	0.25~0.40	0.51
碎裂煤	0.5~1.00	0.62

式(6-2)明确指出了这样一个事实:煤岩体的初始起裂压力与煤岩体内部的垂直主应力、煤岩体的抗拉强度、孔隙水压力和管道的阻力损失有直接且密切的联系。

煤体破裂压力与垂直应力之间呈线性关系,封孔段内的垂直主应力存在最大值 σ_{y1} 和最小值 σ_{y2},最大垂直主应力 σ_{y1} 为集中应力峰值,即 $\sigma_{y1} = (2\sim3)\gamma H$。那么,封孔段内的注水压力值为:

最大破裂压力　　$P_{b1} = 3\lambda\sigma_y + T_0 + P_0 + P_c \tag{6-3}$

最小破裂压力　　$P_{b2} = \lambda\sigma_y + T_0 + P_0 + P_c \tag{6-4}$

根据爱和山煤矿 366 采区掘进工作面卸压带和应力集中带宽度测试结果,前方 0~3 m 属于卸压带,3~7 m 属于集中应力带,7 m 以内属于原始应力带。按照封孔深度位于卸压带向集中应力带过渡区间的要求,取注水封孔深度为 3 m,则封孔段内垂直主应力最小值 $\sigma_{y2} = \gamma H$,最大值 $\sigma_{y1} \leqslant 3\gamma H$。掘进工作面软煤煤样 $f = 0.2\sim0.4$,取 $\lambda = 0.51$;抗

拉强度 T_0 取 0.15 MPa；原始垂直应力 $\gamma H = 8.7$ MPa；P_c 取 4.5 MPa。将上述各参数代入式(6-3)、式(6-4)中，得出，爱和山煤矿水力疏松破裂煤体破裂压力为：$P_b = 10.5 \sim 19.4$ MPa。

在现场试验中，因煤体的吸水性强，注水压力稳定在 18~20 MPa，注水流量没有多大变化。单孔注水量达到 0.6 t 时，煤体开始微量变形移动，瓦斯逐步排出，巷道瓦斯浓度逐步升高。当注水量达到 1.2 t 以上时，巷道中瓦斯浓度将上升到 5% 以上，煤壁一般有大于 50 mm 的移动。水压不会因煤体移动而下降，所以注水流量是稳定不变的。

6.3.4.6 注水时间

与其他煤矿的一个显著不同是，爱和山煤矿的主要煤层均具有很强的吸水性，故试验的疏松效果与煤体的湿润范围和注水量都密切相关。根据现场实测，当压力为 4.5~6 MPa 时，注水流量为 42 L/min；当压力为 16~20 MPa 时，注水流量为 18~22 L/min。当注水量达到 1.2 t，煤体瓦斯出现大量排出现象时，就可以达到消除煤与瓦斯突出的目的。试验表明注水时间单孔为 40~60 min。

6.3.5 现场试验安全措施

在实施水力疏松措施期间，为了保证安全，必须注意如下事项：

(1)坡度较大的上山巷道和巷道地质构造带禁止采用水力疏松措施。

(2)采取水力疏松消突措施时，注水泵的操作地点应在距掘进工作面不少于 300 m，并位于反向风门外的新鲜风流中，要求注水泵的供电与瓦斯断电仪连接控制，并设直通煤矿调度室的电话。

(3)水力疏松前应在距掘进头 10 m 内，加强巷道支护，抬好齐角桥和中桥。

(4)注水孔打够深度后，要来回抽动钻杆，排尽煤粉；注水器封孔深度不得小于 4 m。

(5)水力疏松前将压风管移到工作面 3 m 之内，打开抽放管的开关，同时在距掘进头 3~4 m 内，设置可移动风帘，瓦斯传感器悬挂在风帘到工作面煤壁的空间内，避开垮煤、高压水喷射可能损坏传感器的地点。监测注水时瓦斯浓度变化情况。

（6）注水前,要检查注水系统和注水管线的密封性,在高压管路密封性不好或破损时,禁止注水。当高压管路处于承压状态时,禁止连接、拆卸和修理高压管件。

（7）开泵注水前,试验地点掘进工作面除局扇外,巷道内及其他可能影响到的巷道电气设备必须逐级停电,人员必须全部撤至正反向风门以外,并设有新鲜风流的压风自救地点。

（8）注水开始时,瓦检员必须及时通知瓦斯监控中心密切关注工作面及回风流的瓦斯变化情况;当瓦斯浓度超过 5.0%时,监控中心必须及时电话通知瓦检员,由瓦检员通知注水泵司机和注水现场指挥人员,停止注水作业。

（9）注水泵必须由专人负责操作,开始注水时,在前 3~5 min 内必须缓慢增高水压至设计注水压力;注水泵应当设置卸压阀,调整该阀可保证压力平缓上升和减压。

（10）注水期间,严禁人员进入掘进工作面。

（11）注水时,高压管路的水压比低于最终注水压力或者是最大注水压力的 30%时,或者单孔注水量达到 1.8 t 以上,可以结束注水;停泵时,注水泵司机应缓慢卸压,以防突然卸压造成封孔器喷出。

（12）注水结束 30 min 后,由瓦检员、安检员和当班班组长共同进入掘进工作面检查巷道瓦斯、支护和注水情况;确认瓦斯不超限、支护完好、注水现场无异常时,才能恢复供电,其他人员方可进入掘进工作面;人员进入巷道距离掘进头 15 m 时,严禁正对注水器行走。

（13）试验期间,必须认真监测掘进工作面回风流中的瓦斯浓度。

（14）每注水循环注水结束后,注水人员必须按规定内容认真填写注水记录。根据注水记录,项目组应每月报请煤矿总工程师组织对注水效果进行分析研究。

（15）试验期间,施工单位要根据试验方案编制施工作业规程并严格执行。

（16）封孔器必须由专人负责回收、管理和维护,以保证正常使用。

（17）避灾路线按《掘进工作面作业规程》执行。

（18）实施水力疏松试验过程中,必须安排数名专职的救护队员现场值班。

（19）安全技术措施未尽事宜,参照《煤矿安全规程》和煤矿有关规定执行。

6.4　试验结果分析

6.4.1　水力疏松效果现场考察

预测结束后,如果各预测指标均不超标,可以在预留5 m预测孔超前距离的条件下实行放出班炮等安全措施掘进;如果有一项预测指标超标,就要采取水力疏松措施消除突出危险,然后进行校检。

6.4.1.1　注水后近工作面煤体卸压

工作面注水后,一般出现煤壁裂缝明显增多和加宽,煤壁外移,有少量煤体垮落,反映了煤体有明显卸压效果,如图6-8和图6-9所示。

图6-8　注水后煤体增加的裂缝

6.4.1.2　注水过程加速了瓦斯排放

通常情况下,注水前瓦斯浓度在0.3%以下,在实施水力疏松过程中,当注水量达到0.6 m³时,煤体裂缝增多,巷道中瓦斯浓度增加。继续注水,瓦斯浓度不断增加,当水量达到1.2 m³时,瓦斯浓度达到5%以上,停止注水后,工作面瓦斯浓度3~6 h后恢复正常,注水量与巷道瓦斯浓度的变化曲线如图6-10所示。

图 6-9　注水卸压后垮落的煤炭

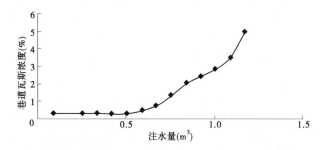

图 6-10　注水量与巷道瓦斯浓度的变化曲线

6.4.1.3　注水后突出指标值下降

注水前,突出预兆明显,用钻屑指标法预测,各项指标值均超规定的突出临界值。注水后 2~3 m 的范围内煤体湿润,4~6 m 段煤屑呈煤浆状,7~10 m 段煤屑呈湿润状。用钻屑指标值检验,钻屑量在 4 kg 以下,钻屑解吸指标 Δh_2 均在 160 Pa 以下。注水前后钻屑量 S 的变化见图 6-11,注水前后钻屑解吸指标 Δh_2 变化曲线见图 6-12。

6.4.1.4　注水后工作面瓦斯涌出量明显减少

在注水前,施工钻孔时瓦斯涌出量大,常引起工作面瓦斯超限,注水后瓦斯涌出量明显降低,未发现打钻过程中瓦斯超限现象,注水前后打钻时瓦斯涌出量变化曲线见图 6-13。

6.4.1.5　其他效果

水力疏松措施借用了突出危险性预测时的 2 个钻孔,不需要专门

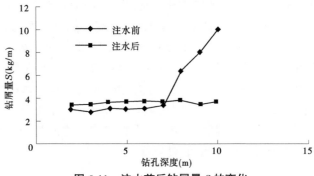

图 6-11　注水前后钻屑量 S 的变化

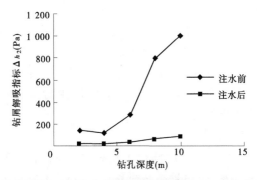

图 6-12　注水前后钻屑解吸指标 Δh_2 变化曲线

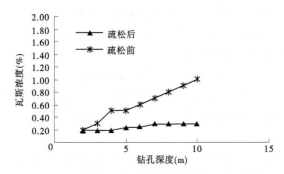

图 6-13　注水前后打钻时瓦斯涌出量变化曲线

打孔,减少了打钻工程量(超前排放钻孔或瓦斯抽放都需要打大量钻孔),减轻了工人的劳动强度,缩短了时间,提高了掘进速度,掘进速度由原来的 17 m/月,提高到现在的 55 m/月,是原来的 3 倍;水对煤体的湿润作用,降低了煤尘飞扬,改善了作业环境,未采取水力疏松措施前,打钻时煤尘浓度是 360 mg/m³,注水后采用同样工序,煤尘浓度降到 34 mg/m³ 以下,降低了 90%;由于煤体的疏松,炸药消耗量也有不同程度的下降;注水后煤体孔裂隙中充满水,在松散煤体之间起到了黏结作用,减少了支架上方煤体的垮落,使空棚现象减少。

6.4.2　效果分析

6.4.2.1　吸水特性的分析

爱和山煤矿 6 煤层,原始水分含量低(0.52%)、孔隙率高(5%),以及煤体内部孔隙特征,决定了煤的吸水性强的特点。注水过程中没有压力上升,流量减少的现象;煤体破裂后,也没有流量增大,压力下降等现象。注水压力保持在 19 MPa,注水流量稳定在 22 L/min。煤的吸水特性决定了水力疏松的效果。

6.4.2.2　防突效果的分析

从图 6-10 中看出,单孔注水量在 0.6 m³ 以下时,煤体湿润软化,随着注水量的不断增加,煤体被破坏或移动,巷道中瓦斯浓度升高,从而起到了卸压和排放瓦斯的作用。巷道前方煤体中的集中应力带,由于高压水对煤体的软化和破坏作用,移向前方和两侧深部,增宽了安全保护范围,所以在掘进过程中没有发生突出动力现象。

6.4.2.3　瓦斯涌出量降低的分析

由于煤体的破坏和高压水的驱赶,煤体中部分瓦斯得到了释放,减少了煤体的瓦斯含量;同时水进入煤体的孔、裂隙,阻断了瓦斯流动通道,所以在预测中钻屑解吸指标 Δh_2 值显著降低,在掘进过程中瓦斯涌出量明显减少。

6.5　本章小结

（1）根据爱和山煤矿瓦斯突出的实际情况，提出了利用水力疏松措施进行突出防治的方法，并制订了现场的试验方案。

（2）试验结果表明，水力疏松措施可有效防止煤与瓦斯突出，消突效率达100%，降尘率达90%，掘进速度提高到原来的3倍，减轻了工人的劳动强度，改善了现场作业环境。水力疏松措施对爱和山煤矿来说是适用的；对缓解采掘失调起到重要作用，对矿井的安全、生产、效益将起到促进作用。

第 7 章　结论与展望

7.1　结　论

目前在我国井下瓦斯抽采是治理煤与瓦斯突出最有效的方法,穿层(本煤层)瓦斯预抽,其抽采效果的好坏主要取决于煤层的渗透性。而研究表明我国的绝大部分煤层属于低渗透煤层,一般情况下,该类煤层的内部孔隙和裂隙都很小(少),透气性差,现有的底板穿层钻孔及本煤层顺层钻孔等方法的瓦斯预抽效果均不理想,难以实现抽采达标,煤矿普遍存在瓦斯抽采率低、消突措施周期长、煤巷掘进速度慢、采掘接替严重失调的问题。

因此,针对这一问题,基于岩体力学、损伤力学、流固耦合理论及瓦斯流动的基本理论,分析了煤岩体的内部结构特征,研究了煤层中瓦斯的流动特征;并建立了基于流固耦合和非均匀损伤力学的模型,对水力化措施的防突机制进行了分析。通过数值模拟研究煤岩体在高压动水条件下的破坏特征,并结合实验室试验和现场试验对穿层钻孔水力割缝卸压对煤层的增透效果进行了分析,同时开展现场试验对本煤层水力疏松消突技术进行了考察,综合研究了水力破煤快速消突的机制和技术。取得的主要成果有:

(1)在分析煤岩体的核磁共振特性基础上,得到了煤岩体的内部结构特征,分析了煤层中瓦斯赋存与流动特点。

在比较煤层中孔隙与裂隙的不同特性的基础上,基于核磁共振探测技术得到的煤岩体的裂隙分布规律,分析了煤岩体的内部结构特征,得出煤岩体中以微小孔缝最发育,其次是中大孔缝,裂隙缝一般较少的结论。在此基础上,对煤层中瓦斯的赋存特点进行了分析,并对瓦斯的流动形式进行了分类,得出瓦斯在煤层中的运移基本规律和流动特征。

（2）建立了煤与瓦斯的流固耦合方程与水力致裂煤体的非均匀损伤方程，得到了水力破煤措施的消突机制。

根据弹塑性理论与流固耦合理论，建立了煤与瓦斯相互作用的耦合应力场方程和耦合渗流场方程，研究了煤与瓦斯的相互作用及其耦合特性。基于岩体非均匀损伤理论，建立了煤岩体的水力致裂非均匀损伤模型及其非均匀损伤破坏准则。在这两者的基础上，分析了实施水力破煤过程中的瓦斯驱赶现象，得出水力破煤措施的消突机制。

（3）通过水力割缝技术和水力疏松技术的数值模拟，得出水力割缝过程中煤岩体的力学行为和破坏特性，分析了孔径与注水压力两个参数对煤体增透的影响。

根据水井头煤矿 3228 工作面应用水力割缝技术时的实际情况，利用细观有限元软件 RFPA-Flow 和有限元数值模拟软件 ANSYS 分别建立了单孔水力割缝致裂煤体和双孔注水的水力疏松数值模型，对水力措施的消突过程进行仿真，并进一步探讨了水力割缝致裂煤体的力学行为及孔径和注水压力两个参数对水力疏松效果的影响，对水力措施在煤矿消突过程中的应用具有很好的参考价值。

（4）通过试验研究，对穿层钻孔水力割缝区域卸压增透技术进行了验证，证明该技术确实达到了快速消突的效果。

以"稀钻孔、卸地压、强增透、快速抽"的防突理念为指导，创建了新的行之有效的区域防突技术体系，并通过实验室试验和现场试验，开展穿层钻孔水力割缝卸压增透技术的研究。研究结果证实通过对煤层实施水力割缝措施，煤体膨胀变形卸压，煤体透气性大为增加，钻孔瓦斯涌出量及抽采率成倍地增加，极大程度地降低了突出煤层的突出危险性。

（5）通过试验研究，对本煤层水力疏松局部消突技术进行了现场验证，证明该技术同样具有快速消突的效果。

根据爱和山煤矿瓦斯突出的实际情况，提出了利用水力疏松措施进行防治突出的方法，并在现场开展试验，对水力疏松的防突效果及其实施过程中煤岩体中瓦斯流动情况进行了研究。试验结果表明，水力疏松措施可有效防止煤与瓦斯突出，消突效率达 100%，降尘率达

90%,掘进速度提高到原来的 3 倍,减轻了工人的劳动强度,改善了现场作业环境,对缓解采掘失调起到重要作用,对矿井的安全、生产、效益将起到促进作用。

7.2　主要创新点

(1)根据煤体中瓦斯的赋存与流动规律,分析了基于煤与瓦斯相互作用的煤体流固耦合力学特性,并建立了相应的流固耦合方程。

在研究煤层内部结构特征的基础上,探讨总结了煤层中瓦斯的赋存规律和流动机制,引入流固耦合力学的基本理论,指出煤与瓦斯的相互作用实际是一个流固耦合力学问题,并将渗流场、应力场两个场放在平等的地位加以考虑,分析了关于煤与瓦斯相互作用的流固耦合力学特性,并建立了相应的耦合应力场方程和耦合渗流场方程。

(2)基于损伤力学基本原理,提出了水力致裂条件下煤岩非均质连续损伤模型,建立了水力致裂煤体损伤方程。

在传统损伤力学的基础上,根据煤岩体的特点及高压水破煤岩的力学作用,提出了煤岩体的水力致裂非均匀损伤模型,并对水力致裂条件下煤岩体的非均质破坏准则进行研究,从而建立了水力致裂煤体的损伤方程。

(3)通过理论分析、数值模拟和现场工业试验的方法,研究了水力割缝致裂煤岩体的力学行为和增透效果。

基于流固耦合基本理论和水压致裂煤体的损伤特性,采用细观有限元软件 RFPA-Flow 建立了单孔水力割缝致裂煤体的数值模型,并结合现场开展的穿层钻孔水力割缝卸压增透技术试验,对水力割缝煤体致裂的力学行为及煤岩体中裂隙的发展规律进行了研究,并对水力割缝煤岩体致裂技术在现场实施的增透效果进行了分析和评估。

(4)通过数值模拟和现场工业试验的方法,对水力疏松局部消突措施实施的力学特性、增透效果和影响因素进行了分析。

根据水井头煤矿工作面的工程实际,采用有限元数值模拟软件 ANSYS 建立了双孔注水的水力疏松数值模型,并按孔径和注水压力的不同设计了 12 种不同的数值模拟方案,分析了不同孔径和注水压力下煤层水力疏松的效果,分析了这两个参数对水力疏松效果的影响。现场试验表明,水力疏松措施可有效防止煤与瓦斯突出,消突效果较好。

7.3 不足与展望

(1)在本书的研究,用于核磁共振测试的煤样样品过少,也为同一类型,得到的煤岩体的内部结构特征具有很大的局限性。在今后的研究中,要选择更多类型和更大数量的煤样进行试验,并考虑使用核磁共振技术、CT 技术及电镜扫描技术对煤样进行综合分析,充分发挥不同测试手段的优点,力求实现对煤岩体内部结构特征的更准确翔实的描述。

(2)在本书得到的煤与瓦斯的流固耦合方程中,没有考虑温度场及采动应力场的影响,不够全面。在今后的研究中,要把温度应力场和采动应力场添加到方程中,通过分析温度应力场、原岩应力场、采动应力场的相互作用,建立 4 者耦合的煤与瓦斯力学方程,为更准确地描述瓦斯在煤层中的流动特性及煤层在采动影响下的安全性提供更准确的模型。

(3)本书虽然研究了水力致裂条件下煤体快速消突技术,并开展了相应的数值模拟,但这些描述还存在很大的不足。在今后的研究中,要以数学的形式准确地描述瓦斯的驱赶效应,并开展基于细观力学的数值模拟研究,实现对水力措施的防突机制更好的考察,并对瓦斯防治过程中的各种物理力学现象进行综合的研究。

参 考 文 献

［1］ 宋明燕,杜泽生,张连军.2007—2010 年我国煤矿瓦斯事故统计分析［J］.煤矿安全,2011(5):181-183.

［2］ 中华人民共和国国家统计局.2013 年国民经济和社会发展统计公报［M］.北京:中国统计出版社,2014.

［3］ 罗海珠.中国煤矿瓦斯事故趋势及对策［C］//中国职业安全健康协会首届年会暨职业安全健康论坛论文集,2004:34-41.

［4］ 李希建,徐明智.近年我国煤与瓦斯突出事故统计分析及其防治措施［J］.矿山机械,2010,38(10):13-16.

［5］ 殷文韬,傅贵徐,曾广霞,等.我国近年煤与瓦斯突出事故统计分析及其防治策略［J］.矿业安全与环保,2012,39(6):90-92.

［6］ 谭国庆,周心权,曹涛,等.近年来我国重大和特别重大瓦斯爆炸事故的新特点［J］.中国煤炭,2009,35(4):7-9.

［7］ 周心权,陈国新.煤矿重大瓦斯爆炸事故致因的概率分析及启示［J］.煤炭学报,2008,33(1):42-46.

［8］ 李润求,施式亮,念其峰,等.近 10 年我国煤矿瓦斯灾害事故规律研究［J］.中国安全科学学报,2011,21(9):143-151.

［9］ 冯增朝.低渗透煤层瓦斯抽放理论与应用研究［D］.太原:太原理工大学,2005.

［10］ 李生舟.采动覆岩裂隙场演化及瓦斯运移规律研究［D］.重庆:重庆大学,2012.

［11］ Lowndes I S , Reddish D J, Ren T X, Whittles D N,et al. Improved modeling to support the rediction of gas migration and emission form active longwall panels［J］. Mine Ventilation,2002:267-272.

［12］ Ren T X,Edwards J S. Goaf gas modeling techniques to maximize methane capture from surface gob wells［J］. Mine Vertilation,2002:279-286.

［13］ Esterhuizen G S, Schatzel S J, Diamond W P. Reservoir simulation-based modeling for characterizing longwall methane emissions and gob gas wenthole production［J］. International Journal of Coal Geology, 2007(71): 225-245.

［14］ 周世宁.瓦斯在煤层中流动的机理［J］.煤炭学报,1990,15 (1):61-74.

［15］ 周世宁,林柏泉.煤层瓦斯赋存与流动理论［M］.北京:煤炭工业出版社,

1999.

[16] 郭勇义,周世宁.煤层瓦斯一维流场流动规律的完全解[J].中国矿业大学学报,1984(2):123-128.

[17] 谭学术,鲜学福,张广洋,等.煤的渗透性研究[J].西安矿业学院学报,1994(1):22-25.

[18] 余楚新,鲜学福.煤层瓦斯流动理论及渗流控制方程的研究[J].重庆大学学报,1989,12(5):1-9.

[19] 孙培德.煤层瓦斯流场流动规律的研究[J].煤炭学报,1987,12(4):74-82.

[20] 孙培德.煤层气越流的固气耦合理论及其计算机模拟研究[D].重庆:重庆大学,1998.

[21] 孙培德,鲜学福.煤层气越流的固气耦合理论及其应用[J].煤炭学报,1999,24(1):60-64.

[22] 杨其銮,王佑安.煤屑瓦斯扩散理论及其应用[J].煤炭学报,1986,11(3):67-81.

[23] 吴世跃,郭勇义.煤层气运移特征的研究[J].煤炭学报,1999,24(1):65-70.

[24] 聂百胜,王恩元,郭勇义,等.煤粒瓦斯扩散的数学物理模型[J].辽宁工程技术大学学报(自然科学版),1999,18(6):129-134.

[25] 林柏泉,周世宁.含瓦斯煤体变形规律的实验研究[J].中国矿业学院学报,1986,15(3):67-73.

[26] 林柏泉,周世宁.煤样瓦斯渗透率的实验研究[J].中国矿业学院学报,1987,16(1):152-158.

[27] 孔祥言.高等渗流力学[M].合肥:中国科学技术大学出版社,1999.

[28] Somerton W H. Effeet of stress on permeability of coal[J]. International Journal of Rock Mechanics and Mining Sciences,1975,12(2):151-158.

[29] Harpalani S,Mopherson M J. The effect of gas evacation on coal-1 Permeability test specimens [J]. International Journal of Rock Mechanics and Mining Sciences & Geomechanics Abstracts, 1984, 21(3):361-364.

[30] 赵阳升.煤体—瓦斯耦合数学模型及数值解法[J].岩石力学与工程学报,1994(3):229-239.

[31] 赵阳升.矿山岩石流体力学[M].北京:煤炭工业出版社,1994.

[32] 赵阳升,段康廉,胡耀青,等.块裂介质岩石流体力学研究新进展[J].辽宁工程技术大学学报(自然科学版),1999,18(5):459-462.

[33] 梁冰,章梦涛.煤层瓦斯流动与煤体变形的耦合数学模型及数值方法[J].岩

石力学与工程学报,1996,15(2):135-142.

[34] 梁冰,章梦涛,王泳嘉.煤和瓦斯突出的固流耦合失稳理论[J].煤炭学报, 1995,20(5):213-219.

[35] 章梦涛,潘一山,梁冰.煤岩流体力学[M].北京:科学出版社,1995.

[36] 梁冰,章梦涛,王泳嘉.煤层瓦斯渗流与煤体变形的耦合数学模型及数值解 法[J].岩石力学与工程学报,1996,15(2):135-142.

[37] 梁冰,章梦涛.从煤和瓦斯的耦合作用及煤的失稳破坏看突出的机理[J].中 国安全科学学报,1997(1):6-9.

[38] 梁冰,刘建军,王锦山.非等温情况下煤和瓦斯固流耦合作用的研究[J].辽 宁工程技术大学学报,1999,18(5):483-486.

[39] 梁冰,刘建军,范厚彬,等.非等温情况下煤层中瓦斯流动的数学模型及数值 解法[J].岩石力学与工程学报,2000,19(1):15-21.

[40] 刘建军.煤层气热-流-固耦合渗流的数学模型[J].武汉工业学院学报,2002 (2):91-94.

[41] 孙可明,梁冰,朱月明.考虑解吸扩散过程的煤层气流固耦合渗流研究[J]. 辽宁工程技术大学学报,2001,(4):548-549.

[42] 孙可明,梁冰,王锦山.煤层气开采中两相流阶段的流固耦合渗流[J].辽宁 工程技术大学学报(自然科学版),2001(1):36-39.

[43] 孙可明,梁冰.煤层气在非饱和水流阶段的非定常渗流摄动解[J].应用力学 学报,2002,19(4):101-104.

[44] 赵阳升,胡耀青,赵宝虎,等.块裂介质岩体变形与气体渗流的耦合数学模型 及其应用[J].煤炭学报,2003,28(1):16-21.

[45] 杨天鸿,唐春安,梁正召,等.脆性岩石破裂过程损伤与渗流耦合数值模型研 究[J].力学学报,2003(5):533-541.

[46] 冯增朝.低渗透煤层瓦斯强化抽采理论及应用[M].北京:科学出版社,2008.

[47] 冯增朝.低渗透煤层瓦斯抽放理论及应用研究[D].太原:太原理工大学, 2005.

[48] 王凯,俞启香.煤与瓦斯突出的非线性特征及预测模型[M].徐州:中国矿业 大学出版社,2005.

[49] 俞启香.矿井瓦斯防治[M].徐州:中国矿业大学出版社,1992.

[50] 周世宁,林柏泉.煤层瓦斯赋存与流动理论[M].北京:煤炭工业出版社, 1990.

[51] 焦作工学院瓦斯地质研究室.瓦斯地质概论[M].北京:煤炭工业出版社,

1990.

[52] 邓涛. 含瓦斯煤岩卸围压实验及上解放层解放范围的研究[D]. 重庆：重庆大学,2012.

[53] 周世宁,林柏泉. 煤层瓦斯赋存与流动理论[M]. 2 版. 北京：煤炭工业出版社,1999.

[54] 张新民,庄军,张遂安. 中国煤层气地质与资源评价[M]. 北京：科学出版社,2002.

[55] 俞启香. 矿井瓦斯治理[M]. 2 版. 徐州：中国矿业大学出版社,1993.

[56] 林柏泉,张建国. 矿井瓦斯抽放理论与技术[M]. 徐州：中国矿业大学出版社,1996.

[57] 冯增朝. 低渗透煤层瓦斯强化抽采理论及应用[M]. 北京：科学出版社:2008.

[58] 程远平,付建华,俞启香. 中国煤矿瓦斯抽采技术的发展[J]. 采矿与安全工程学报,2009,26(2):127-139.

[59] 张亚蒲,杨正明,鲜保安. 煤层气增产技术[J]. 特种油气藏,2006,13(1):101-104,116.

[60] Morita N, Black A D, Fuh G F, Borehole breakdown pressure with drilling fluids (I). empirical results[J]. International Journal of Rock Mechanics and Mining Sciences & Geomechanics Abstracts, 1996, 33(1): 39-51.

[61] 瞿涛宝. 试论水力冲刷技术处理煤层瓦斯的有效性[J]. 湖南煤炭科技,1997(1): 38-46.

[62] 李同林. 水压致裂煤层裂缝发育特点的研究[J]. 地球科学:中国地质大学学报,1994,19(4):151-159.

[63] 李安启,姜海,陈彩虹. 我国煤层气井水力压裂的实践及煤层裂缝模型选择分析[J]. 天然气工业,2004,24(5):91-94.

[64] Rummel F. Fracture mechanics approach of hydraulic fracturing stress measurements[C]. Fracture Mechanics of Rock. Academic Press Inc(London), 1987: 217-240.

[65] 严涛. 开采下解放层的瓦斯处理[J]. 煤矿安全,2002,33(10):13-14.

[66] 周德永. 回采面顶板覆岩卸压抽放瓦斯机理及合理参数研究[J]. 矿业安全与环保,2003,30(4):3-7.

[67] 瞿涛宝. 试论水力割缝技术处理煤层瓦斯的效果[J]. 西部勘探,1996,8(23):51-53.

[68] 邹忠有,白铁刚,姜文忠,等. 水力冲割煤层卸压抽放瓦斯技术的研究[J]. 煤

矿安全,2000(1):34-36.

[69] 赵岚,冯增朝,杨栋,等.水力割缝提高低渗透煤层渗透性实验研究[J].太原理工大学学报,2001,32(2):109-111.

[70] 段康廉,冯增朝,赵阳升,等.低渗透煤层钻孔与水力割缝瓦斯排放的实验研究[J].煤炭学报,2002,27(1):50-53.

[71] 林柏泉,吕有厂,李宝玉,等.高压磨料射流割缝技术及其在防突工程中的应用[J].煤炭学报,2007,32(9):959-963.

[72] 王健,林柏泉,茹阿鹏.割缝排放低透气性煤层瓦斯过程的数值试验[J].煤矿安全,2005,36(8):4-7.

[73] 唐巨鹏.水力割缝开采低渗透煤层气应力场数值模拟[J].天然气工业,2004,24(10):54-60.

[74] 唐建新,贾剑青,胡国忠,等.钻孔中煤体割缝的高压水射流装置设计及试验[J].岩土力学,2007(7):891-897.

[75] 李晓红,卢义玉,赵瑜,等.高压脉冲水射流提高松软煤层透气性的研究[J].煤炭学报,2008,33(12):1386-1390.

[76] 李成全,李忠华,潘一山.高压旋转水射流防治煤矿冲击地压实验研究[J].辽宁工程技术大学学报(自然科学版),2003(12):56-62.

[77] 李忠华,潘一山,张啸,等.高压水射流切槽煤层卸压机理[J].辽宁工程技术大学学报(自然科学版),2009(1):95-101.

[78] 吴海进.高瓦斯低透气性煤层卸压增透理论与技术研究[D].北京:中国矿业大学,2009.

[79] 张士诚.压裂开发理论与应用[M].北京:石油工业出版社,2003.

[80] 饶孟余,杨陆武,冯三利,等.中国煤层气产业化开发的技术选择[J].特种油气藏,2005.12(4):1-4.

[81] Terzaghi V K. Theoretical mechanics[M]. New York:Aeademic Press,1983:1-10.

[82] 刘佳亮,司鹄.高压水射流破碎高围压岩石损伤场的数值模拟[J].重庆大学学报,2011,34(4):40-46.

[83] 孙清德,汪志明,于军泉,等.高压水射流破岩规律的数值模拟研究[J].岩土力学,2005,26(6):978-972.

[84] 卢义玉,张赛,刘勇,等.脉冲水射流破岩过程中的应力波效应分析[J].重庆大学学报,2012,35(1):117-124.

[85] 林晓东,卢义玉,汤积仁,等. 基于 SPH-FEM 耦合算法的磨料水射流破岩数

值模拟[J].振动与冲击,2014,33(8):170-176.

[86] 刘健.低透气煤层深孔预裂爆破增透技术研究及应用[D].淮安:安徽理工大学,2008.

[87] 林柏泉,周世宁.煤巷卸压槽及其防突作用机理的初步研究[J].岩土工程学报,1995,17(3):32-38.

[88] 蔡成功.卸压槽防突措施模拟试验研究[J]岩石力学与工程学报,2004,23(22):3790-3793.

[89] 刘明举,孔留安,郝富昌,等.水力冲孔技术在严重突出煤层中的应用[J].煤炭学报,2005,30(4):612-617.

[90] 刘伟,钱高峰.高压射流割缝技术在软煤层突出工作面的应用[J].煤炭工程,2008(2):82-87.

[91] 姜勇.低渗透煤层高压水射流割缝增透机理试验研究[D].阜新:辽宁工程技术大学,2010.

[92] 张运祺.高压水射流切割原理及其应用[J].武汉工业大学学报,1994,16(4):13-18.

[93] 于不凡.开采解放层认识与实践[M].北京:煤炭工业出版社,1989:85-91.

[94] 袁东升.近距离保护层开采多场演化及安全岩柱研究[D].焦作:河南理工大学,2010.

[95] 于鸿春.磨料射流油井割缝技术与理论的研究[D].北京:中国石油大学,2007.

[96] 柏存义.两相流动[M].北京:国防工业出版社,1985.

[97] 张永利.磨料两相圆形射流紊流方程的建立及求解[J].地质灾害与环境保护,2001(9):91-95.

[98] Valliappan S, Zhang Wohua. Numerical modeling of methane gas migration in dry coal seams[J].Geomechanics Abstract, 1997(1): 10-21.

[99] Zhao Chongbin, Valliappan S. Finite element modeling of methane gas migration in coal seams[J]. Computer & Structures, 1995,55(1):625-629.

[100] 姜光杰,孙明闯,付江伟.煤矿井下定向压裂增透消突成套技术研究及应用[J].中国煤炭,2009(11):6-8.

[101] 王国鸿,徐赞.水力压裂技术提高低透气性煤层瓦斯抽放量浅析[J].煤矿安全,2010,41(8):120-124.

[102] 吕有厂.水力压裂技术在高瓦斯低透气性矿井中的应用[J].重庆大学学报,2010,33(7):102-107.

[103] 翟合. "水力压裂"可治三软煤层瓦斯[N]. 中国国土资源报,2011-09-15.

[104] 李培培. 钻孔注水高压电脉冲致裂瓦斯抽放技术基础研究[D]. 太原:太原理工大学,2010.

[105] 周军民. 水力压裂技术在突出煤层中的试验[J]. 中国煤层气,2009,3(3): 34-39.

[106] 艾灿标,贾献宗,吕涛,等. 新义煤矿水力压裂试验与效果分析[J]. 煤矿开采,2010,15(4): 109-117.

[107] 路洁心,李贺. 穿层定向水力压裂技术的应用[J]. 山西焦煤科技,2011,31 (6):1-3.

[108] 王念红,任培良. 单一低透气性煤层水力压裂技术增透效果考察分析[J]. 煤矿安全,2011,42(2):172-176.

[109] 孙炳兴,王兆丰,伍厚荣. 水力压裂增透技术在瓦斯抽采中的应用[J]. 煤体科学技术,2010,41(11):80-84.

[110] 荣景利,高亚明,郭永敏,等. 水力压裂提高煤层瓦斯抽采效率技术研究 [J]. 能源技术与管理,2012,36(3):84-85.

[111] 王兆丰,李志强. 水力挤出措施消突机理研究[J]. 煤矿安全,2004,35 (12): 1-4.

[112] 刘明举,潘辉,李拥军,等. 煤巷水力挤出防突措施的研究与应用[J]. 煤炭学报,2007,32 (2):168-171.

[113] 赵岚,冯增朝. 水力割缝提高低渗透煤层渗透性试验研究[J]. 太原理工大学学报,2001,32(2):109-111.

[114] 于警伟,史宗保. 煤层注水在防治煤与瓦斯突出中的应用[J]. 中州煤炭,2008,16 (1):71-72.

[115] 李春睿. 高强度开采覆岩裂隙场的时空演化规律与瓦斯流动关系的研究 [D]. 北京:煤科总院开采设计研究分院,2009.

[116] 郭莉,段林娣,张春雷,等. 煤层显微煤岩类型与裂隙分布的关系[J]. 煤田地质与勘探,2005,33(5):9-12.

[117] 范景坤. 淮北矿区瓦斯突出煤层煤层气抽采技术[J]. 中国煤层气,2007,4 (1):25-28.

[118] 琚宜文,姜波,王桂樑,等. 构造煤结构及储层物性[M]. 徐州:中国矿业大学出版社,2005.

[119] 霍永忠,张爱云. 煤层气储层的显微孔裂隙成因分类及其应用[J]. 煤田地质与勘探,1998,26(6):28-32.

[120] 罗蛰潭,王允诚.油气储集层的孔隙结构[M]. 北京:科学出版社,1986.

[121] 达尔恩. 多孔介质–流体渗移与孔隙结构[M]. 北京:石油工业出版社, 1990.

[122] 陈珊珊,李然,俞捷,等.永磁低场核磁共振分析仪原理和应用[J]. 生命科学仪器,2009,7(10):48-53.

[123] 傅雪海,秦勇,韦重韬.煤层气地质学[M]. 徐州:中国矿业大学出版社, 2003.

[124] Gray I. Reservoir engineering in coal seams: Part 1-the physical process of gas storage and movement in coal seams[J]. SPE Res Eng, 1987, 2(1):28-34.

[125] Gray I. Reservoir engineering in coal seams: Part 2-observations of gas movement in coal seams[J]. SPE Res Eng, 1987, 2(1): 35-40.

[126] Gregory J B, Karen C R. Hysteresis of methane/coal sorption isotherms[C]// The Proceeding of the SPE Annual Technical Conference and Exhibition. New Orleans: SPE, 1986: 155-161.

[127] 苏现波.煤层气地质学与勘探开发[M].北京:科学出版社, 2001.

[128] 石军太,李相方,徐兵祥,等. 煤层气解吸扩散渗流模型研究进展[J]. 中国科学:物理学 力学 天文学, 2013,43(12):28-37.

[129] 徐能仁,李伟雄.煤矿瓦斯问题[M]. 太原:山西科学教育出版社,1997.

[130] Choi S K, Wold M B. A coupled geomechanical-reservoir model for the modelling of coal and gas outbursts[J]. Elsevier Geo-Engineering Book Series, 2004 (2):629-634.

[131] 韩兆明. 突出煤层中高压水射流防突机理研究[D].唐山:河北理工大学, 2008.

[132] 傅雪海.多相介质煤岩体物性的物理模拟与数值模拟[D].徐州:中国矿业大学,2001.

[133] Gas Research Institute. A Guide to Coalbed Methane Reservoir Engineering [C]// GRI Reference No. GRI-94/0397. 1994:321-327.

[134] Smith D M, Willams F L. Diffusional effects in the recovery of methane from coalbeds[J].SPE J, 1984, 24(5): 529-535.

[135] Yang Q L. Theory of methane diffusion from coal cuttings and its application [J].J China Coal Soci, 1986, 11(3): 62-70.

[136] Yang Q L, Wang Y A. Mathematical simulation of the radial methane flow in spherical coal grains[J].J China Univ Mining & Technol, 1988(3): 55-61.

[137] 聂百胜，何学秋，王恩元，等. 瓦斯气体在煤层中的扩散机理及模式[J]. 中国安全科学学报，2000，10(6)：24-28.

[138] 闫宝珍，王延斌，倪小明. 地层条件下基于纳米级孔隙的煤层气扩散特征 [J]. 煤炭学报，2008，33(6)：657-660.

[139] 聂百胜，张力. 煤层甲烷在煤孔隙中扩散的微观机理[J]. 煤田地质与勘探，2000，28(6)：20-22.

[140] 何学秋，聂百胜. 孔隙气体在煤层中扩散的机理[J]. 中国矿业大学学报，2001，30(1)：1-4.

[141] 尹光志，蒋长宝，许江，等. 含瓦斯煤热流固耦合渗流试验研究[J]. 煤炭学报，2011，36(9)：1495-1500.

[142] 程庆迎. 低透煤层水力致裂增透与驱赶瓦斯效应研究[D]. 徐州：中国矿业大学，2012.

[143] 付江伟. 井下水力压裂煤层应力场与瓦斯流场模拟研究[D]. 徐州：中国矿业大学，2013.

[144] 李志刚，付胜利，乌效鸣，等. 煤岩力学特性测试与煤层气井水力压裂力学机理研究[J]. 石油钻探技术，2000，28(3)：10-13.